槽式太阳能直接蒸汽发电系统集热场建模与控制

郭苏　刘群明　著

中国水利水电出版社
www.waterpub.com.cn
·北京·

内 容 提 要

本书以槽式太阳能直接蒸汽发电系统及对应的 DSG 槽式集热器为对象，对其基础知识、设计原理等进行了介绍；建立了 DSG 槽式集热器传热与水动力耦合稳态模型及非线性分布参数动态模型、移动云遮工况的云遮始末时间模型，直通模式和再循环模式系统的集热场非线性分布参数模型及传递函数模型；分析了直通模式系统、再循环模式系统及 DSG 槽式集热器的稳态特性和动态特性，研究了再循环模式系统的热工控制方案。

本书适用于新能源科学与工程专业、热能与动力工程专业及其他相关专业的本科生和研究生阅读，也可供相关工程技术人员参考。

图书在版编目（C I P）数据

槽式太阳能直接蒸汽发电系统集热场建模与控制 / 郭苏，刘群明著. -- 北京：中国水利水电出版社，2018.5（2024.9重印）.
　　ISBN 978-7-5170-6653-8

Ⅰ．①槽… Ⅱ．①郭… ②刘… Ⅲ．①太阳能聚热器—系统建模—研究 Ⅳ．①TK513.3

中国版本图书馆CIP数据核字（2018）第170276号

书　　名	**槽式太阳能直接蒸汽发电系统集热场建模与控制** CAOSHI TAIYANGNENG ZHIJIE ZHENGQI FADIAN XITONG JIRECHANG JIANMO YU KONGZHI
作　　者	郭苏　刘群明　著
出版发行	中国水利水电出版社 （北京市海淀区玉渊潭南路 1 号 D 座　100038） 网址：www.waterpub.com.cn E-mail：sales@mwr.gov.cn 电话：（010）68545888（营销中心）
经　　售	北京科水图书销售有限公司 电话：（010）68545874、63202643 全国各地新华书店和相关出版物销售网点
排　　版	中国水利水电出版社微机排版中心
印　　刷	天津嘉恒印务有限公司
规　　格	184mm×260mm　16 开本　10.75 印张　255 千字
版　　次	2018 年 5 月第 1 版　2024 年 9 月第 2 次印刷
印　　数	1001—2000 册
定　　价	**42.00 元**

前言

FOREWORD

工质为水或水蒸气的槽式太阳能直接蒸汽发电（DSG）系统是当今槽式太阳能热发电系统的发展方向。优化槽式 DSG 系统性能，提高其运行控制的稳定性是槽式 DSG 技术的研究方向。建立 DSG 槽式集热器和槽式 DSG 系统的数学模型，研究其运行机理、控制方法和策略，是实现上述研究目标的基础，而国内外针对槽式 DSG 系统建模与控制所做的研究还非常有限。

本书以 DSG 槽式集热器和槽式 DSG 系统为研究对象，对其进行了机理分析、数学建模、实验对比、特性分析，并对再循环模式槽式 DSG 系统的工质参数制定了控制方案。

本书共分 10 章。第 1 章对槽式系统基本概念、发展现状和方向，以及相关技术的研究现状进行了综述。第 2 章介绍了太阳辐射的相关知识。第 3 章介绍了太阳能光学设计原理以及太阳辐射的透过、吸收和反射现象。第 4 章介绍了槽式聚光集热器表面的直射辐射强度及光学效率模型。第 5 章建立了 DSG 槽式集热器传热与水动力耦合稳态模型，在模型求解中采用了太阳辐射热能、工质焓值和工质压力耦合判定，对管内换热系数、蒸汽含汽率、压降、流体温度以及管壁温度等参数进行耦合求解的方法，提高了计算结果的精度；揭示了 4 种主要影响因素对 DSG 槽式集热器出口参数的影响规律，为槽式 DSG 系统设计提供了理论依据。第 6 章建立了 DSG 槽式集热器的非线性分布参数动态模型和移动云遮工况的云遮始末时间模型，其中集热器动态模型的传热系数和摩擦系数采用了实时计算值，提高了模型的精度；解决了 DSG 槽式集热器非线性集总参数模型不能模拟局部云遮、移动云遮等实际太阳直射辐射变化工况的问题；揭示了 5 种主要影响因素对 DSG 槽式集热器的主要工质参数的影响规律。第 7 章建立了直通模式槽式 DSG 系统集热场非线性分布参数模型，该模型由 DSG 槽式集热器非线性分布参数模型以及喷水减温器非线性集总参数模型组成；揭示了直通模式槽式 DSG 系统集热场工质参数的稳态和动态变化规律；提出了直通模式槽式 DSG 系统正常工作时直射辐射强度、工质流量、入口工质温度、入口工质压力的选择范围；揭示了直射辐射强度扰动位置对工质参数的影响规律；给出了集热场出口蒸汽温度的传递函数。第 8 章建立了再循环模式槽式 DSG 系统集热场非线性分布参数模型，该模型由 DSG 槽式集热器非线性分布参数模型、汽水分离器非线性集总参数模型以及喷水减温器非线性集总参数模型组成，揭示了再循环模式槽式 DSG 系统集热场工质参数的稳态和动态变化规律；提出了再循环模式槽式 DSG 系统正常工作时直射辐射强度、工质流量、入口工质温度、入口工质压力的选择范围；揭示了直射辐射强度扰动位置对工质参数的影响规律；给出了集热场出口蒸汽温度和汽水分离器水位的传递函数。第 9 章对再循环模式槽式 DSG 系统控制方案进行了研究，提出了再循环模式槽式 DSG 系统的全厂运行控制策略；利用本书仿真得到的传递函数，分别采用抗积分饱和 PI 控制方案和多模型切换广义预测控制策略对汽水分离器水位和出口蒸汽温度进行了控制；对比发现，多模型切换广义预测控制策略可使被控参数快速平滑地跟踪设定值，并有效地解决了变工况可能导致的模型失配问题。第 10 章对全书做出总结和展望。

在本书编写过程中，江苏省陈星莺副省长，东南大学张耀明院士、沈炯教授、金保昇教授，河海大学刘德有教授、许昌教授在各个方面对作者给予了大力支持，在此对各位师长表示衷心的感谢。东南大学张耀明院士和河海大学刘德有教授审阅了全部书稿，为本书的完成做出了重要贡献，在此特致敬意。

在本书完稿之际，对书末所附参考文献的作者也致以衷心的感谢。

由于作者学识有限，本书编写时间又很仓促，书中难免有疏漏及错误，殷切希望读者批评指正。

作 者

2017 年 8 月

于河海大学能源与电气学院

符 号 说 明[*]

常用变量：

B——聚光器开口宽度，m。

D——直径，m。

$\dot{m}$——工质流量，kg/s。

F——截面积，m²，增强因子。

G——质量通量，kg/(m²·s)。

H——比焓，J/kg。

I_{direct}——聚光器开口面垂直方向上的太阳直射辐射强度，W/m²。

$K_{\tau\alpha}$——入射角修正系数。

L——集热场长度，m。

W——集热场（U形场）宽度，m。

M——分离器质量。

P——工作压力，MPa。

P_{cr}——水的临界压力，Pa。

P_d——摩擦压降，Pa。

Q_1——单位时间单位管长，聚光器收集的太阳辐射能，W/m。

Q_2——单位时间单位管长，金属管传递的太阳辐射热能，W/m。

S——限制因子。

T——温度，K。

V——容积，m³。

ΔZ——云影宽度，m。

K_p——比例增益。

K_i——积分增益。

K_d——微分增益。

N_1——优化时域初值。

N_2——优化时域终值。

N_u——控制时域。

T_i——积分时间。

T_d——微分时间。

---

* 本书符号主要依据锅炉及锅炉过程控制专业领域的常用符号制定。

T_0——采样周期。

T_{min}——等待周期。

$\boldsymbol{Y}$——输出预测值。

$\boldsymbol{Y}_R$——输出期望值。

$\boldsymbol{\Delta U}$——控制增量预测值。

a——对流因子。

b——辐射因子。

c——比热容，J/(kg·K)；风速因子。

c_p——定压比热，J/(kg·K)。

h——水位，m；传热系数，W/(m²·K)。

λ——导热系数，W/(m·K)；放大系数；控制加权系数。

m——质量，kg。

q——热流密度，W/m²。

q_1——DSG 槽式集热器单位管长热力学损失，W/m。

r——汽化潜热，J/kg。

t——温度，℃。

v——速度，m/s。

x——质量含汽率。

y——沿管长方向长度。

Δt——DSG 槽式集热器上某个固定点被云阴影遮挡的时间，s。

y_r——输出参考轨迹。

$u(t)$ ——被控对象的输入。

$y(t)$ ——被控对象的输出。

$w(t)$ ——互不相关的随机序列信号。

α——有效金属系数；输出柔化系数；云移动的方向与正南方的夹角，(°)。

ρ——密度，kg/m³。

θ——入射光线到聚光器法线的夹角，(°)。

ν——运动黏度，m²/s。

η——动力黏度，Pa·s，效率。

ω——输出设定值。

ε——发射率。

λ_f——摩擦系数。

φ——Martinelli–Nelson 两相乘子。

τ——时间，s。

ξ——修正系数。

Re——雷诺数。

Pr——普朗特数。

Fr——弗汝德数。

常用角标：

′（上角标）——饱和水。

″（上角标）——饱和蒸汽。

B——核态沸腾。

1ph——单相（水或者蒸汽）。

2ph——两相。

ab——集热器金属管。

ave——平均值。

bh——饱和。

cq——产汽。

cs——产水。

dp——露点。

g——饱和蒸汽。

l——饱和水。

1s——过热区冷段。

a——喷水减温器，环境。

i——内径。

in——集热器金属管内侧，集热器入口，分离器入口。

j——金属。

sw——喷水减温器减温水。

o——外径。

opt——光学。

out——集热器金属管外侧，集热器出口，分离器蒸汽出口。

s——汽水分离器。

sb——分离器出水口。

sj——汽水分离器有效金属。

sky——天空。

wind——风。

yx——有效。

目录

CONTENTS

第 10 章　总结与展望

第1章 绪论

1.1 太阳能热发电背景及意义

21 世纪，全人类都面临着同样的能源问题。一方面，经济、社会的可持续发展与环境可承载能力之间存在巨大矛盾，经济、社会的发展离不开能源，而燃烧常规化石燃料会产生大量的二氧化碳，二氧化碳是主要的温室气体类型。观测资料表明，在过去的 100 年里，全球平均气温上升了 0.3～0.6℃，全球海平面平均上升了 10～25cm，这就是温室效应。目前，经济和社会正在迅速发展，但环境的可承载力已接近极限。另一方面，常规能源的日趋匮乏与能源需求的急剧增加是当今社会亟须解决的主要矛盾。据《2013—2020年中国煤炭行业市场研究与投资前景评估报告》显示，2012 年年底，世界石油可采储量为 16689 亿桶，储采比为 52.9；天然气为 187.3 万亿 m^3，储采比为 55.7；煤炭为 8609亿 t，储采比为 109。从煤炭、石油、天然气储量情况看，煤炭储量最为丰富，储采比最长，石油、天然气储采比相当，均为 50 多年。当面临全球污染严重、常规能源近乎枯竭又急需大量能源的双重矛盾时，全人类达成了共识，即依靠科技进步，大规模地开发利用太阳能、风能、生物质能等可再生清洁能源。

近年来，太阳能热发电在欧美地区快速发展。目前，面向承担基础电力负荷的"大容量、高参数、长周期储热"是国际太阳能热发电的技术发展趋势。2015 年，全球光热发电建成装机容量达到约 4940.1MW，比 2014 年增长 421.1MW，增幅为 9.3%。目前，太阳能热发电的年平均效率超过 12%，成本价格在 0.2 欧元/(kW·h)，到 2020 年有望降低到 0.05 欧元/(kW·h)。

国际能源署发布的《能源技术展望 2010》报告指出，到 2050 年，太阳能热发电装机容量将达到 10.89 亿 kW，产生电力占总发电量的 11.3%。因此太阳能热发电绝对称得上是朝阳产业，有非常广阔的发展空间。

就我国而言，我国正处于经济高速发展时期，能源的消耗量还要大大增加。但我国的能源储量并不容乐观，根据 2012 年的统计数据，煤炭储量为 1145 亿 t，占世界储量的 13.3%；石油储量为 173 亿桶，仅占世界储量的 1%；天然气储量为 3.1 万亿 m^3，仅占世界储量的 1.7%。人均能源可开采储量更是远低于世界平均水平。而且由于历史原因，我国的能源有效利用率非常低。从开采到利用，几乎都还停留在粗放型生产模式，这对环境造成的污染非常严重。我国是全球第二大二氧化碳排放国，也是第一大煤炭消费国，是世界上少有的几个能源结构以煤炭为主的国家。

我国的太阳能资源非常丰富，不仅拥有世界上太阳能资源最丰富的地区之一——西藏地区，而且陆地面积每年接受的太阳总辐射能相当于 $2.4×10^4$ 亿 t 标准煤，约等于数万个三峡工程发电量的总和。如果将这些太阳能有效利用，对于缓解我国的能源问题、减少二氧化碳的排放量、保护生态环境、确保经济发展过程中的能源持续稳定供应等都将具有重大而深远的意义。

我国太阳能热发电技术研究起步较晚，目前几座商业运行太阳能热发电站正在建设中。"八五"以来，科技部就关键部件在技术研发方面给予了持续支持，"十一五"期间启动了 1MW 塔式太阳能热发电技术研究及系统示范。目前，大规模发电技术已有所突破，大部分关键器件已产业化。

更值得一提的是，太阳能发电已成为我国能源战略调整的重要方向，国家相继颁布了促进太阳能发电产业快速发展的若干文件和政策。

2005 年 2 月，我国出台了《中华人民共和国可再生能源法》，国家将可再生能源的开发利用列为能源发展的优先领域，通过鼓励利用可再生能源改善中国目前的能源结构，通过制定可再生能源开发利用总量目标和采取相应措施推动可再生能源市场的建立和发展。该法 2006 年起开始实施。

2006 年 2 月，国务院发布《国家中长期科学和技术发展规划纲要（2006—2020）》，太阳能热发电技术作为纲要中明确的重要内容，是我国太阳能利用及产业发展的重要方向之一。太阳能热发电技术作为优先发展方向，若干项目相继获得国家项目资金支持，如 2006 年"太阳能热发电技术及系统示范"列入国家 863 重点项目；2009 年"高效规模化太阳能热发电的基础研究"获得国家科学技术部 973 项目立项。

2011 年 6 月，《产业结构调整指导目录（2011 年本）》开始正式施行。在指导目录鼓励类新增的新能源门类中，太阳能热发电被放在突出位置。

2012 年 5 月，国家科学技术部发布《太阳能发电科技发展"十二五"专项规划》，明确将光热发电作为我国"十二五"太阳能发电科技的重点规划内容之一。

2012 年 9 月，国家能源局印发《太阳能发电"十二五"规划》，明确太阳能发电的发展目标、开发利用布局和建设重点。按照规划，到 2015 年年底，太阳能发电装机容量达到 2100 万 kW 以上，年发电量 250 亿 kW·h。该规划还要求，在"十二五"发展的基础上，继续推进太阳能发电产业规模化发展，到 2020 年太阳能发电总装机容量达到 5000 万 kW，使我国太阳能发电产业达到国际先进水平。

2013 年 2 月，国家发展和改革委员会同国务院有关部门对《产业结构调整指导目录（2011 年本）》有关条目进行了调整，形成了《产业结构调整指导目录（2011 年本）》（修正版）。在第一类鼓励类的新能源领域中，太阳能热发电集热系统、太阳能光伏发电系统集成技术开发应用、逆变控制系统开发制造被列在第一条。

2016 年 9 月，国家能源局正式发布《关于建设太阳能热发电示范项目的通知》，共 20

个项目入选中国首批光热发电示范项目名单，总装机约 1.35GW，包括 9 个塔式电站、7 个槽式电站和 4 个菲涅尔电站。国家发展和改革委员会核定我国的太阳能热发电标杆上网电价为 1.15 元/(kW·h)。

太阳能资源丰富、社会发展面临的现状和国家政策支持为我国太阳能热发电技术的发展和进一步推广提供了良好的外部环境。

1.2 槽式太阳能热发电技术

太阳能热发电技术主要包括碟式太阳能热发电（图 1.1）、塔式太阳能热发电（图 1.2）、槽式太阳能热发电（图 1.3）、太阳能热气流发电、太阳池热发电等形式。符合"大容量，高参数，长周期储热"国际太阳能热发电技术发展趋势的是前三种，而槽式太阳能热发电是世界上迄今为止商业化最成功的太阳能热发电系统。

图 1.1 美国加利福尼亚州斯特林碟式发电站　　图 1.2 美国内华达太阳一号塔式太阳能热发电站

图 1.3 美国加利福尼亚州克莱默叉口槽式太阳能热发电站

槽式太阳能热发电技术将由抛物线槽式聚光镜、集热管等构成的大量槽式太阳能聚光集热器（槽式集热器）布置在场地上，再将这些槽式集热器加以串并联。抛物线槽式聚光镜采用单轴跟踪方式追踪太阳运动轨迹，将入射的直射太阳辐射聚焦到位于抛物线焦线的集热管上，集热管中的传热工质被加热到 400℃ 左右的高温，进入蒸汽发生装置放热以产生高温高压蒸汽，高温高压蒸汽推动汽轮发电机组发电。传热介质放热完毕后再次进入槽式聚光器阵列开始下一个循环；而通过汽轮机做功后的乏汽冷凝后经过循环泵返回蒸汽发生装置，吸热后再次进入汽轮机做功。这样周而复始的循环，太阳能就被源源不断地转化成电能。但是在太阳能直射辐射不好的天气或没有太阳的夜里，要想实现槽式太阳能热发电系统不间断供电就必须采用蓄热系统或者常规能源系统加以能源补给。另外，蓄热系统或者常规能源系统还能使整个系统的运行更加稳定、安全可靠，大大减少了因突然云遮等原因蒸汽品质恶化给汽轮机带来的冲击。

槽式热发电系统结构简单、成本较低、土地利用率高、安装维护方便，导热油工质的槽式太阳能热发电技术已经相当成熟。由于槽式系统可将多个槽式集热器串联、并联排列组合，因此可以构成较大容量的热发电系统，但也正是因为其热传递回路很长，因此传热工质的温度难以再提高，系统综合效率较低。

集热管里的工质通常是导热油，但随着科学技术的发展，工质可以扩展到熔融盐、水、空气等物质。目前，实际应用的工质主要有两种，即导热油和水。槽式太阳能热发电技术按其工质不同，分为导热油槽式太阳能热发电系统（通常简称为导热油槽式系统）和槽式太阳能直接蒸汽发电（Direct Steam Generation，DSG）系统（通常简称为槽式DSG系统）。

1.2.1 导热油槽式系统

传统槽式太阳能热发电系统的工质为导热油，导热油工质被加热后，流经换热器加热水产生过热蒸汽，借助于蒸汽动力循环推动常规汽轮发电机组来发电。作为太阳能量不足时的备用，系统通常配有一个辅助燃烧炉，辅助燃烧炉燃料通常用天然气或燃油。导热油槽式系统工作原理如图1.4所示，其主要由聚光集热子系统、换热子系统、发电子系统、蓄热子系统、辅助能源子系统构成。

（1）聚光集热子系统。它是系统的核心，导热油槽式系统的聚光集热装置是众多分散

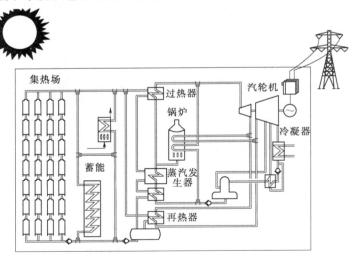

图1.4　导热油槽式系统工作原理示意图

布置的槽式集热器。槽式集热器的结构主要由抛物线槽式聚光镜、集热管和跟踪装置三部分组成。抛物线槽式聚光镜由很多抛物面反射镜单元组构成。反射镜采用低铁玻璃制作，背面镀银，镀银表面涂有金属漆保护层。抛物线槽式聚光镜为线聚焦装置，阳光经镜面反射后，聚焦为一条线，集热管就放置在这条焦线上，用于吸收阳光加热工质，如图 1.5 所示。实际上，槽式系统的集热管就是一根作了良好保温的金属圆管。目前，集热管有真空集热管和空腔集热管两种结构。槽式集热器配有自动跟踪系统，能跟踪太阳的运行。反射镜根据其采光方式的不同，即轴线指向的不同，可以分为东西向和南北向两种布置形式，因此它有两种不同的跟踪方式。通常，南北向布置的反射镜需作单轴跟踪，东西向布置只作定期跟踪调整。每组槽式集热器均配有一个伺服电机。由太阳辐射传感器瞬时测定太阳位置，通过计算机控制伺服电机，带动反射镜面绕轴跟踪太阳。槽式集热器的聚光比约为 10～30，集热温度可达 400℃。

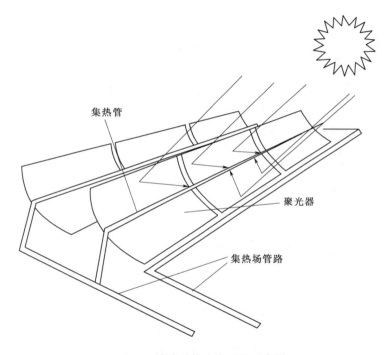

图 1.5　槽式系统聚光原理示意图

（2）换热子系统。它由预热器、蒸汽发生器、过热器和再热器组成。导热油槽式系统采用双回路结构，即集热管中的工质油被加热后，进入换热子系统中产生过热蒸汽，过热蒸汽通过蒸汽回路进入汽轮发电子系统发电。

（3）发电子系统。它的基本组成与常规发电设备类似，但太阳能加热系统与辅助能源系统联合运行时，需要配备一种专用控制装置，用于工作流体在太阳能加热系统与辅助能源系统之间的切换。

（4）蓄热子系统。它是太阳能热发电站不可缺少的组成部分。太阳能热发电系统在早晚或云遮时通常需要依靠储能设备维持系统的正常运行。蓄热器就是采用真空或隔热材料作良好保温的贮热容器。蓄热器中贮放蓄热材料，通过换热器对蓄热材料进行贮热和取热。蓄热子系统采用的蓄能方式主要有显式、潜式和化学蓄热 3 种。对不同的蓄热方式，应该选择不同的蓄热材料。

（5）辅助能源系统。它一般应用于夜间或阴雨天系统运行时，采用常规燃料作辅助能源。Al-sakaf 提出，电厂通常可以使用 25％以上的化石类燃料作不时之需，这样可以节省昂贵的能量储存装置，降低整个太阳能热发电系统的初次投资，而且优化了太阳能热发电站的设计，大大降低了生产单位电能的平均成本。

1.2.2　槽式太阳能直接蒸汽发电系统

1. 发展槽式太阳能直接蒸汽发电系统的必要性

目前，世界上商业运行的槽式太阳能热发电系统普遍应用导热油作为其传热工质，但是导热油却存在着很多不足之处：①导热油在高温下运行时，化学键易断裂分解氧化，从而引起系统内压力上升，甚至出现导热油循环泵的气蚀，特别是对于气相循环系统，压力上升，则难以控制其内部温度，进而因为气夹套上部或盘管低凹处气体的寄存，造成热效率降低等不良影响，因此导热油工作槽式系统一般运行温度为 400℃，不宜再提高，这直接造成导热油工作槽式系统的系统效率不高；②导热油在炉管中的流速必须选在 2m/s 以上，流速越小油膜温度越高，易导致导热油结焦；③油温必须降到 80℃以下，循环泵才能停止运行；④一旦导热油发生渗漏，在高温下将增加引起火灾的风险。美国 LUZ 公司的 SEGS 电站就曾经发生过火灾，并为防止油的泄漏和对已漏油的回收投入大量资金。鉴于导热油工质的上述问题，太阳能专家开始考虑直接应用水蒸气作为工质进行发电。水工质槽式系统的运行温度可以达到 500℃甚至更高，减少了换热环节的能量损失以及换热设备等的投资，降低了电站的成本，降低了电站的安全隐患，减少了对环境的影响，提高了电站的发电效率。因此，Cohen 和 Kearney 于 1994 年提出了直接蒸汽发电槽式太阳能聚光集热器（槽式集热器）的概念，作为槽式集热器的未来发展方向。近年来，各国专家学者均将目光投向了直接以水（蒸汽）为工质的槽式 DSG 系统。

2. 槽式 DSG 系统的概念和优势

槽式 DSG 系统是利用抛物线形槽式聚光器将太阳光聚焦到集热管上，直接加热集热管内的工质水，直至产生高温高压蒸汽推动汽轮发电机组发电的系统。其中，由聚光器与集热管组成的装置称为 DSG 槽式太阳能聚光集热器（DSG 槽式集热器），是槽式 DSG 系统的核心部件。与工质为导热油的槽式系统相比，槽式 DSG 系统同样由聚光集热子系统、发电子系统、蓄热子系统、辅助能源子系统构成，但由于利用水工质代替了导热油工质，因此没有换热环节。槽式 DSG 系统具有以下优势：①用水替代导热油，消除了环境污染风险；②省略了油或蒸汽换热器及其附件等，电站投资大幅下降；③简化了系统结构，大幅降低了电站投资和运营成本；④具有更高的蒸汽温度，电站发电效率较高。

3. 槽式 DSG 系统运行模式

Dagan 和 Lippke 提出槽式 DSG 系统的运行模式有直通模式、注入模式和再循环模式 3 种，如图 1.6 所示。

在直通模式槽式 DSG 系统中，给水从集热器入口至集热器出口，依次经过预热、蒸

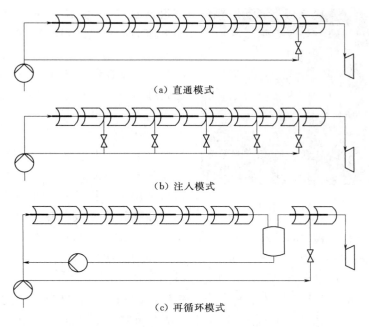

(a) 直通模式

(b) 注入模式

(c) 再循环模式

图 1.6　槽式 DSG 系统运行模式简图

发、过热，直至蒸汽达到系统参数，进入汽轮机组发电。注入模式槽式 DSG 系统与直通模式槽式 DSG 系统类似，区别在于注入模式槽式 DSG 系统中集热器沿线均有减温水注入。而再循环模式槽式 DSG 系统最为复杂，该系统在集热器蒸发区结束位置装有汽水分离器。3 种模式中，直通模式是最简单、最经济的运行模式，再循环模式是目前最保守、最安全的运行模式，而由于在试验中发现注入模式的测量系统不能正常工作，因此一般认为注入模式是不可行的。由于槽式 DSG 系统运行中集热器内存在水-水蒸气两相流转化过程，因此其控制问题比导热油工质槽式系统更加复杂。

1.3　槽式太阳能热发电技术发展现状及发展方向

由于槽式 DSG 系统由导热油槽式系统发展而来，而目前槽式 DSG 系统刚刚处于起步阶段，研究槽式 DSG 系统的建模和控制问题可以借鉴导热油槽式系统的相关问题研究，因此在论述槽式集热器、槽式太阳能热发电技术的发展现状和研究现状时，将其分为导热油槽式系统和槽式 DSG 系统两部分进行。

1.3.1　槽式太阳能热发电系统发展现状

槽式太阳能热发电系统作为唯一商业化的太阳能热发电系统，从 1980 年美国与以色列联合组建的 LUZ 公司研制开发槽式线聚焦系统开始，至今已经发展了 30 多年。

1. 导热油槽式系统发展现状

(1) 1985 年，LUZ 公司在美国加利福尼亚州南部的 Mojave 沙漠地区建立了第一座槽式太阳能热发电站 SEGS Ⅰ，实现了槽式太阳能热发电技术的商业化运行。在随后的 6

图 1.7 美国 SEGS 电站

年里，LUZ 公司又在 SEGS I 电站附近建设了 8 座大型槽式太阳能热发电站（SEGS II～IX），这 9 座电站的装机容量均为 14～80MW，总容量达到 354MW，总的占地面积已超过 7km²，全年并网的发电量在 8 亿 kW·h 以上，发出的电力可供 50 万人使用，其光电转化效率已达到 15%，至今运行良好（图1.7）。表 1.1 中是美国 9 座槽式太阳能热发电系统技术参数及运行性能。SEGS 电站槽式集热器采用不锈钢管作为集热管，并涂有黑铬选择性吸收涂层或低热发射率的金属陶瓷涂层。集热管外套有抽真空的玻璃封管，玻璃封管内外均涂有减反射膜。集热管内的传热工质为导热油 Therminol VP‑1，导热油在集热管中被太阳辐射加热至设定温度，进入换热器作为热源，加热水至水蒸气推动汽轮机做功。

SEGS I～IX 槽式太阳能热发电站已经成为了世界许多国家研究槽式太阳能热发电技术的模型和样例，是槽式太阳能热发电技术具有里程碑意义的代表作，最具深远的影响力。

表 1.1　　　　　　　　　美国 9 座槽式太阳能热发电系统技术参数及运行性能

项　目		SEGS I	SEGS II	SEGS III	SEGS IV	SEGS V	SEGS VI	SEGS VII	SEGS VIII	SEGS IX
站址（加利福尼亚州）		Daggett	Daggett	Kramer Junction	Kramer Junction	Kramer Junction	Kramer Junction	Kramer Junction	Harper Lake	Harper Lake
投运年份		1985	1986	1987	1987	1988	1989	1989	1990	1991
额定功率/MW		13.8	30	30	30	30	30	30	80	80
集热面积/万 m²		8.296	18.899	23.030	23.030	25.055②	18.800	19.428	46.434	48.396
介质入口工质温度/℃		240	231	248	248	248	293	293	293	293
介质出口工质温度/℃		307	316	349	349	349	391	391	391	391
蒸汽参数 /(10⁵℃/Pa)	太阳能	—	—	327/43	327/43	327/43	371/100	371/100	371/100	371/100
	天然气	417/37	510/105	510/105	510/100	510/100	510/100	510/100	371/100	371/100
透平循环 效率/%	太阳能	31.5①	29.4	30.6	30.6	30.6	37.5	37.5	37.6	37.6
	天然气	—	37.3	37.4	37.4	37.4	39.5	39.5	37.6	37.6
汽轮机循环方式		无再热	无再热	无再热	无再热	无再热	再热	再热	再热	再热
镜场光学效率/%		71	71	73	73	73	76	76	80	80
从太阳能到电能的 年平均转换效率/%③		—	—	11.5	11.5	11.5	13.6	13.6	13.6	—
年发电量/万 kW		3010	8050	9278	9278	9182	9085	9265	25275	25613

①　包括天然气过热。

②　1986 年建成时为 233120m²。

③　按太阳能总辐射能量计。

（2）2007 年 6 月，Nevada Solar One 电站正式并网运行。该电站是 16 年内美国境内建设的第二座太阳能热发电站，也是 1991 年以来世界上最大的一座太阳能热发电站。Nevada Solar One 电站坐落在内华达州，由西班牙 Acciona Energia 公司建设，额定容量为 64MW，最大容量为 75MW，年产电量为 1.34 亿 kW·h。该电站总占地面积 1214058m²，拥有 760 台槽式集热器，共计 182000 面聚光镜和 18240 根 4m 长的集热管。采用导热油作为工质，集热管出口工质温度为 391℃，经过热交换器加热水产生蒸汽，驱动西门子 SST-700 汽轮机组发电。Nevada Solar One 电站项目总投资达到了 2.66 亿美元。

（3）2009 年 3 月，Andasol-1 电站并网发电（图 1.8）。该电站是欧洲第一座抛物线槽式太阳能热发电站，位于西班牙安达卢西亚的格拉纳达。Andasol-1 电站装机容量为 50MW，年产电力 180GW·h，占地面积 2km²，总集热面积达 510120m²。Andasol-1 电站太阳场进出口工质温度为 293/393℃。

该电站带有大型蓄热装置，两个蓄热罐每个高 14m，直径 36m，蓄热介质为熔融盐（NaNO₃ 占 60%，KNO₃ 占 40%），共计 28500t，蓄热总量为 1010MW·h，可使汽轮发电机组满载发电 7.5h。集热管采用 ET-150 型集热管，每根 4m，共计 22464 根，由以色

图 1.8　Andasol-1 电站全景照片

列 Solel 公司和德国 Schott 公司提供。209664 块反射镜由德国 Flabeg 公司提供。集热管以导热油为传热工质，工质为 Diphenyl/Diphenyl oxide。汽轮机采用西门子 50MW 再热式汽轮机，循环效率为 38.1%。电站总投资 26.5 亿欧元，发电成本为 0.158 欧元/（kW·h）。

Andasol-1 电站流程如图 1.9 所示。

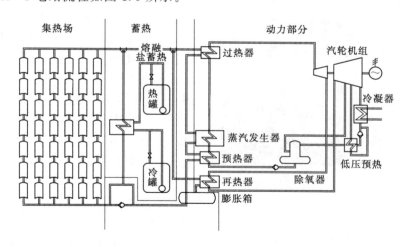

图 1.9　Andasol-1 电站流程示意图

（4）Archimede 槽式太阳能热发电站位于意大利西西里岛的 Priolo Gargallo，于 2010 年 7 月建成。该电站装机容量为 5MW，集热器出口工质温度达到 550℃，镜场面积为 30000m²，使用了世界上较为先进的 ENEA 太阳能聚光器。Archimede 电站是第一座采用熔融盐为传热、储热工质的燃气联合循环电站。

（5）2013 年 10 月，目前全球最大的槽式电站 Solana 光热电站正式实现投运。该电站装机容量达到 280MW，是美国首个配置熔盐储热系统的太阳能电站，储热时长 6h。Solana 光热电站位于美国亚利桑那州凤凰城西南的 Gila Bend 附近，年发电量高达 9.44 亿 kW·h，可满足 7 万家庭的日常用电需求，电站总投资额高达 20 亿美元。Solana 光热电站参数见表 1.2。

表 1.2   Solana 光热电站参数

项　　目	参　　数	项　　目	参　　数
开发商和运维商	Abengoa Solar	采光面积	220 万 m²
EPC	Abeinsa、Abener、Teyma	集热管	Schott PTR70
装机	280MW	导热油	Therminol VP-1
反射镜	Rioglass	储热	6h 熔盐传热
集热阵列	3232 个	冷却	水冷
每个回路的集热阵列数量	4 个	汽轮机	2 个 140MW 的西门子汽轮机
每个集热阵列的槽式集热器数量	10 个	换热器	Alfa Laval
槽式集热器类型	Abengoa Solar Astro	电伴热	AKO

2. 槽式 DSG 系统发展现状

工质为导热油的槽式太阳能热发电技术已经较为完善，但导热油工质由于其自身特性使整个发电系统有无法弥补的缺陷。因此，各国专家在建设工质为导热油的槽式太阳能热发电站的同时，也在寻求工质为水的 DSG 槽式太阳能热发电站的研究和发展。

（1）1996 年，在欧盟的经济支持下，CIEMAT 公司联合 DLR 公司、ENDESA 公司等八家公司在 CIEMAT-PSA 实验中心共同研发了一个槽式太阳能直接蒸汽发电实验项目 DISS（Direct Solar Steam）。DISS 项目的目的是研发 DSG 槽式太阳能热发电站，并测试其可行性。DISS 项目（图 1.10）总装机容量为 1.2MW。DISS 项目分两个阶段：第一阶段是从 1996 年 1 月至 1998 年 11 月，主要是在 CIEMAT-PSA 实验中心设计并建设完成一个与实际电站一样大小的实验系统；第二阶段从 1998 年 12 月至 2001 年 8 月，这

图 1.10　DISS 电站

个阶段主要是利用该实验系统在真实太阳辐射条件下研究槽式 DSG 系统的三种基本运行方式，即直通模式、再循环模式和注入模式，找出最适合于商业电站的运行模式，并为未来 DSG 槽式电站的设计积累经验。DISS 项目工质为水，出口工质流量为 0.8kg/s，工质

温度约为 400℃，压力为 10MPa。

DISS 项目由两个子系统组成，分别是拥有抛物线槽式聚光器（PTCs）的集热场和辅助设备（Balance of Plant，BOP），如图 1.11 所示。集热场把直射太阳辐射能转换为过热蒸汽的热能，BOP 负责凝结过热蒸汽并送回到集热场入口。集热场是一个单独的南北放置的槽式集热器组，该集热器组串联了 11 个改进的 LS - 3 抛物线槽式集热器，长度为 500m，开口宽度 5.76m，反射镜面积 3000m²，集热管的内、外径分别为 50mm 和 70mm。其中 9 个槽式集热器长 50m，由 4 个抛物线槽式反射模块组成；另外两个槽式集热器长 25m，由两个抛物线槽式反射模块组成。整个集热场由三部分组成，即预热区、蒸发区和过热区。蒸发区末端设有再循环泵和汽水分离器，这是进行再循环式槽式 DSG 系统实验时用的。给水在集热场中经过预热、蒸发和过热 3 个阶段被加热成过热蒸汽，通过辅助设备降温后再次作为给水参与循环。由于利用汽轮机组发电并无任何技术问题，因此 DISS 项目考虑投资等因素并未设置发电设备。

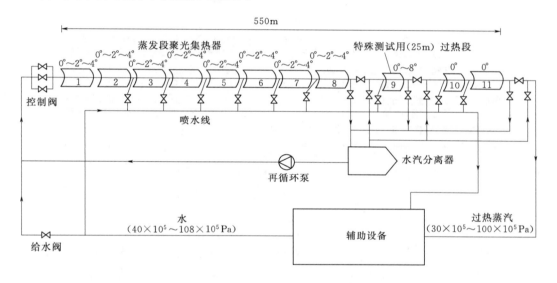

图 1.11　DISS 电站回路示意图

DISS 项目实验系统有 3 个运行模式，其集热场入口和出口运行参数见表 1.3。

表 1.3　　　　　　　　　DISS 项目实验系统集热场入口和出口运行参数

模式	集热场入口	集热场出口
1	水 $40×10^5$ Pa/210℃	蒸汽 $30×10^5$ Pa/300℃
2	水 $68×10^5$ Pa/270℃	蒸汽 $60×10^5$ Pa/350℃
3	水 $108×10^5$ Pa/300℃	蒸汽 $100×10^5$ Pa/375℃

DISS 项目的运行结果表明，槽式 DSG 技术是完全可行的，并且证明在回热兰金循环下，汽轮机入口工质温度为 450℃ 时，DISS 项目太阳能转化电能的转化率为 22.6%。而工质为导热油的槽式系统，汽轮机入口工质温度为 375℃（这一温度由导热油的稳定极限温度限制）时，太阳能转化电能的转化率仅为 21.3%。

（2）2006年，Zarza等人提出了世界上第一座准商业化DSG槽式太阳能热发电站INDITEP电站的设计方案（图1.12）。设计方案指出，INDITEP电站是一座再循环模式的DSG槽式电站，由欧盟提供经济支持，德国与西班牙合作建设。INDITEP电站是DISS项目的延续，依据DISS项目开发的设计和仿真工具均被应用到INDITEP电站中。建设INDITEP电站的目的是通过实际电站运行验证DSG槽式太阳能热发电技术的可行性，并逐步提高该技术在运行中的灵活性和可靠性，因此采用鲁棒性较高的KKK过热汽轮发电机组。该电站装机容量为5MW，采用过热蒸汽兰金动力循环，选用ET-100型槽式集热器南北向排列，共70台槽式集热器，每排由10台槽式集热器组成，其中3台用于预热工质，5台用于蒸发，两台用于产生过热蒸汽，蒸发区与过热区之间由汽水分离器连接。集热场入口水工质的温度和压力为115℃、8MPa，给水流量为1.42kg/s，出口产生流量为1.17kg/s、温度和压力为410℃、7MPa的过热蒸汽。集热场设计点为太阳时6月21日12：00。

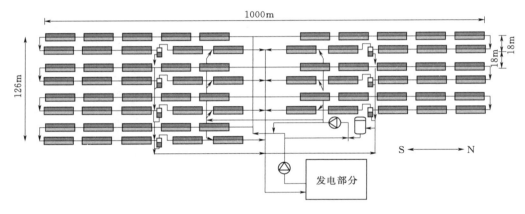

图1.12　INDITEP电站的设计方案

（3）2012年1月，TSE-1电站并网发电，这是世界上首座商业化DSG槽式太阳能热发电站。TSE-1电站位于泰国Kanchanaburi省，装机容量为5MW，运行温度和压力为330℃、3MPa，集热场占地面积为11万 m²，聚光镜面积为45万 m²，年产电量为9GW·h，由Solarlite公司提供技术支持。

与国外相比较，我国槽式太阳能热发电技术起步较晚。导热油工质槽式系统方面，中国科学院工程热物理所搭建了导热油工质真空集热管测试平台，验证了太阳辐照度、流体温度与流量对集热性能的影响。2013年8月，龙腾太阳能槽式光热试验项目在内蒙古乌拉特中旗巴音哈太正式投入使用，试验期限为两年。该项目将为未来华电集团在乌拉特中旗开发50MW太阳能光热发电项目提供设备及安装服务奠定坚实的基础。槽式DSG系统方面，河海大学搭建了DSG槽式集热器测试平台，但还处于平台测试阶段。

1.3.2　槽式太阳能聚光集热器发展现状

目前，世界上已经使用过的槽式太阳能聚光集热器（简称"槽式集热器"）共有7种，分别是Acurex3001型、M.A.N.M480型、LS-1型、LS-2型、LS-3型、ET-100/

150 型、DS－1 型。

　　LUZ 公司研发生产了四种型号的槽式集热器，即 LS－1 型，LS－2 型，LS－3 型，LS－4 型（公司原因，未真正使用）。其中，LS－4 型槽式集热器直接以水作为工质，开口宽度为 10.5m，长度为 49m，面积为 504m²。而另三种型号的槽式集热器都在 SEGS 电站中得以应用，在 SEGSⅠ和 SEGSⅡ上使用的是 LS－1 及 LS－2 两种集热装置，LS－2 应用于 SEGSⅢ、SEGSⅣ、SEGSⅤ、SEGSⅥ上，SEGSⅦ上使用的是 LS－2 及 LS－3 两种，而 SEGSⅧ和 SEGSⅨ上应用的是 LS－3。

　　图 1.13 所示为 LUZ 公司的 LS－3 型槽式集热器组件（Solar Collector Assembly，SCA）。LS－3 型槽式集热器的反射镜是由热成型制镜玻璃板制成，并用桁架系统支撑，以确保 SCA 的结构稳定。抛物线反射镜的开口宽度为 5.76m，整个 SCA 的长度为 95.2m（净镜长）。反射镜由透射比为 98% 的低铁浮法玻璃制成，背面镀银，并覆盖有多层保护涂层。在特制炉内的精确抛物线模具上加热反射镜，以获得抛物线形。在镜面与集热管支架之间用陶瓷垫片连接，并用特制黏着剂黏合。LS－3 的镜面可使 97% 的反射光入射到线形集热管上。

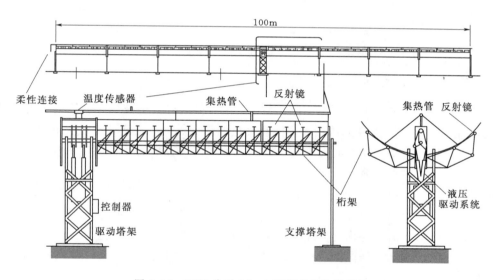

图 1.13　LUZ 公司 LS－3 型槽式集热器组件

　　ET 型槽式集热器与 LS－2 型槽式集热器的热损失基本一样，但 ET 型槽式集热器具有 30°的倾角，因而效率较 LS－2 型提高了很多。并且 ET 型槽式集热器具有更大的风力承载能力。由于 ET 型槽式集热器要应用于 DSG 太阳能热电站中，所以较 LS 系列具有耐高压、耐高温的性能，而且镜子重量也降低了 50%，费用也因技术的发展而大大降低。表 1.4 是上述槽式集热器性能参数比较。

　　槽式集热器的总体发展趋势是制造具有更高聚光比（槽式集热器开口宽度与集热管直径之比）的大型槽式集热器，以保证工质具有较高出口工质温度时槽式集热器具有较高的热效率。

表 1.4   槽式集热器性能参数比较

槽式集热器型号	Acurex 3001	M. A. N. M480	LS－1	LS－2		LS－3	ET－100/150	DS－1
年份	1981	1984	1984	1985	1988	1989	2004	2004
面积/m²	34	80	128	235		545	545/817	470
开口宽度/m	1.8	2.4	2.5	5		5.7	5.7	5
长度/m	20	38	50	48		99	100/150	100
接收管直径/m	0.051	0.058	0.042	0.07		0.07	0.07	0.07
聚光比	36∶1	41∶1	61∶1	71∶1		82∶1	82∶1	71∶1
光学效率	0.77	0.77	0.734[①]	0.737	0.764[①]	0.8[①]	0.78[②]	0.78[②]
吸收率	0.96	0.96	0.94	0.94	0.99	0.96	0.95	0.95
镜面反射率	0.93	0.93	0.94	0.94	0.94	0.94	0.94	0.94
集热管发射率	0.27	0.17	0.3	0.24	0.19	0.19	0.14	0.14
温度/(℃/℉)			300/572	300/572	350/662	350/662	400/752	400/752
工作温度/(℃/℉)	295/563	307/585	307/585	349/660	390/734	390/734	391/735	391/735

① 出自 Luz 公司说明书。

② 基于测量数据。

1.3.3 槽式太阳能热发电技术发展方向

槽式太阳能热发电技术作为最成熟、最完善的太阳能热发电技术，已经成功进行了近30 年的商业运营，目前世界上槽式太阳能热发电的发展方向是完善工质为水的 DSG 槽式太阳能热发电技术。德国航空航天中心（DLR）太阳能研究所的项目总监 Fabian Feldhoff 给出了如下具体的研究方向。

（1）产业方面。提高系统运行参数（达到 11MPa/500℃）；优化集热管参数，使其承受更高压力和温度的同时降低其成本；改进电站结构，降低发电费用。

（2）研发技术方面。优化再循环模式和直通模式的集热场性能；优化电站启动过程，提高运行控制的稳定性；降低储能成本，提高储能性能；实现槽式 DSG 电站与其他形式电站的联合运行，达到优势互补的目的。

1.4 槽式太阳能热发电技术研究现状

1.4.1 槽式太阳能聚光集热器及热发电系统建模研究现状

对槽式集热器及热发电系统进行建模，是对槽式热发电系统进行仿真的基础，是研究槽式热发电系统稳态特性和动态特性的基础，也是研究槽式热发电控制方案的基础。从1980 年 LUZ 公司研制开发槽式线聚焦系统开始，这项工作就一直在进行，并不断被完善。

1. 国外研究现状

Sandia 国家实验室测量了不同条件下的 LS2 型 SEGS 槽式集热器的热损和集热器效率。Dudley 等利用该实验数据推导出了集热器效率和热损与工质温度之间的简单多项式关系式，给出了 LS2 型槽式集热器的入射角修正系数。

Heinzel 等建立了抛物线形槽式集热器的光学模型，并利用该光学模型和基本热损模型对导热油工质的 LS2 型槽式集热器进行了模拟，与美国桑迪亚国家实验室的实验数据基本吻合。

Odeh 在 1996—2003 年的 5 篇论文中，分析了 SEGS 电站槽式集热器的热力学性质，建立了以管壁温度作为自变量的槽式集热器热力学稳态模型，该模型经与美国桑迪亚实验室导热油工质 LS2 型槽式集热器实验数据比较，验证了模型的正确性；根据集热管的发射率、风速、集热管管壁温度和辐射强度建立了以管壁温度为自变量的槽式集热器热损模型及效率模型，所建模型是根据管壁温度拟合的热损失曲线而不是基于工作介质的平均温度，这样扩大了模型的适用范围，适合于预测以任意流体作为工作介质的槽式集热器性能；建立了 DSG 槽式集热器的水动力稳态模型（包括流态模型和压降模型），并与热力学模型联立建立了槽式 DSG 系统的统一模型，优化了直通式 DSG 槽式集热器的设计，提出了 DSG 集热器的稳态运行策略。

Almanza 等对 DSG 槽式集热器在不同条件下的集热管特性进行了实验分析，发现当冷水进入集热管时，集热管会发生弯曲变形，分析表明这是由于管周温差过大（约 50℃）引起的。当把钢管换为铜管增大导热系数时，管周温差降低，弯曲现象基本消失。2002 年，Almanza 等对 DSG 槽式集热器在两相区分层流型发生时的钢管弯曲进行了实验研究，发现瞬态温度梯度的改变是钢管弯曲的主要原因。

Bonilla 设计开发了一个基于面向对象的数学模型的 DSG 槽式太阳能热发电站的动态仿真方案。该动态仿真方案包含面向对象的数学模型，采集并转换传感器数据作为模型的输入并针对如何获得适合的边界条件问题的初值等，利用 Matlab 开发了一些测试工具。并利用多目标遗传算法校准动态模型。Bonilla 只考虑了直通模式 DSG 槽式电站的模型。该模型的输入包括环境温度，直射太阳辐射 DSI，入口工质温度、压力、流量以及喷水减温器工质的温度、压力和流量。该模型两相区采用了均相模型。采用有限体积法、交错网格法以及迎风格式对模型进行离散。但该模型中每一种状态的工质的传热系数被简化为常数，摩擦系数也被简化为常数。

Ray 根据质量守恒定律、能量守恒定律和动量守恒定律建立了塔式太阳能热发电系统蒸汽发生器的相变边界随时间变化的非线性集总参数模型。虽然该模型是针对塔式太阳能发电系统设计的，但由于其工质为水，而且具有直流锅炉的特性，所以仍可为槽式太阳能直接蒸汽发电系统建模提供参考。Ray 还研究了塔式系统蒸汽发生器的动态特性，但由于模型中将工质假定为不可压缩流体，因此影响了其动态特性的准确性。

Eck 建立了再循环模式 DSG 槽式集热器的非线性分布参数模型，为了获得灵活且鲁棒性强的仿真模型，建立了显式的微分方程组，并且所有闭合方程（包括压降方程、传热方程和工质物性参数方程等）均被描述成为状态变量的函数。但该模型仅以函数符号形式表示，未给出具体关系式。

2. 国内研究现状

近年来，随着我国对太阳能热发电技术研究的深入，国内学者也逐步开始了对槽式集热器的研究。

徐涛以槽式集热器的散焦现象为切入点，对集热管表面光学聚光比分布开展理论分析和计算机模拟研究，建立了光学聚光比的数学模型。

韦彪以直通模式 DSG 槽式集热器为研究对象，基于集热器管内水工质的流型与传热特性，建立了 DSG 槽式集热器稳态传热模型。

李明建立了槽式集热器的稳态数学模型，并利用实验验证了模型的正确性，但实验验证槽式集热器的出口工质温度选为 40～100℃，不易反映 DSG 槽式集热器出口工质温度一般在 400℃左右的实际情况。

熊亚选通过分析槽式太阳能集热管热损失的计算方法和传热过程，建立了槽式太阳能集热管传热损失性能计算分析的二维稳态经验模型，模型的计算结果与试验数据基本一致，验证了模型的有效性。

杨宾在传统槽式集热器研究的基础上，针对集热管内水在流动吸热的过程中状态变化，建立了管内一维稳态两相流动与传热模型。在此基础上，依照 INDETEP 电站设计原理，建立了 5MW 槽型直接蒸汽式太阳能电站的仿真模型，并结合 INDETEP 电站的整体运行情况，对电站的技术经济性进行了分析。

崔映红在对 DSG 槽式集热器中水的流型分析的基础上，进行了水在不同状态下对流换热系数计算模型的研究。利用传热热阻原理分析了 DSG 槽式集热器热损的计算方法，建立了稳态热传导模型，并对直通模式和再循环模式连接的 DSG 槽式集热器的压降进行了分析。

梁征分别建立了导热油工质槽式集热器的一维传热动态模型和水工质 DSG 槽式集热器的一维多相流动与传热动态模型。导热油工质模型与实验数据吻合较好，但 DSG 槽式集热器模型与实验数据相比误差较大。

从以上文献分析可以看出，工质为油的槽式集热器及发电系统的建模已经比较完善，而对于工质为水的 DSG 槽式集热器及热发电系统的建模，国外研究的相对较多，国内学者的研究还主要集中在研究聚光镜模型和槽式集热器稳态模型上，仍处于起步阶段。对于 DSG 槽式集热器稳态模型，国内外对其传热特性和水动力特性的耦合研究较少，且计算结果与实验数据差别较大。对于 DSG 槽式集热器动态模型和槽式 DSG 系统动态模型，国内外采用非线性集总参数方法进行建模的较为多见，而采用能够充分体现槽式太阳能热发电系统管线长、直射辐射强度沿管线方向不均匀分布特点的非线性分布参数动态模型研究得很少，国内外均尚处于探索阶段。

1.4.2 槽式太阳能热发电系统热工过程控制研究现状

为了保证太阳能热发电系统的稳定、正常运行，对于导热油工质的槽式系统，其主要控制目标是通过调节传热液体的流速，实现在不同运行状况下管路出口处导热油的温度恒定。而对于水工质的槽式 DSG 系统，其控制目标则是根据汽轮发电机的需要，在管路出口处实现恒定温度和压力的蒸汽输出，这样太阳辐射的变化就只影响出口蒸汽流量，而不影响蒸汽的温度和压力。

对于导热油槽式系统，关于其控制方法、控制策略的研究非常多。各国专家学者采用的方法包括 PID 控制、前馈控制、模型预测控制、自适应控制、增益调度控制、串级控制、内模控制、延时补偿、优化控制和神经网络控制等。

1. 国外研究现状

尽管太阳能电站的所有动态特性（非线性、不确定性等）都表明其适合先进控制理论，但大多数太阳能电站还是采用了经典的 PID 控制器。Camacho 在其《太阳能电站先进控制》一书中提到固定参数 PID 控制器限制了系统的安全运行工况，应在控制回路中增加额外的补偿以使电站能稳定运行。Camacho 等在 PID 控制方案的基础上在控制回路中增加了前馈环节以减少可测量扰动的影响。Vaz 提出了增益插值 PID 控制方案。Johansen 等提出了包括太阳辐射和入口工质温度前馈的以内部能量作为控制变量的 PID 控制方案。上述各种 PID 控制方案均能提高系统的控制性能。

Cirre 等对导热油槽式系统提出了基于反馈线性化的控制方案，控制目标为当扰动（主要是太阳辐射和入口工质温度的变化）作用时通过调整工质流速使出口蒸汽温度跟踪其设定值。反馈线性化方法是一种非线性控制方法，其主要思想是将非线性系统转化为线性系统，这样就可以应用很多成熟的线性控制策略进行控制。该控制策略在西班牙 Acurex 集热场上进行了检测，实验结果验证了方案的可行性。

文献 [111] 采用参数自整定控制方法实现了对输出油温的恒定控制。通过系统阶跃响应实验，建立了输出油温关于输入流率的简化单入单出一阶带时延传递函数模型。传递函数中有 3 个模型参数，通过最小二乘回归算法进行在线估计，然后基于极点配置算法实现了 PI 控制器参数的自整定。太阳辐射和输入油温对输出油温的影响则根据稳态关系采用并联反馈结构和串联前馈两种方式进行补偿。仿真和实验结果表明串联前馈补偿方式更有利于系统的在线辨识。

Henriques 等为导热油槽式系统建立了基于递归神经网络和输出调节理论的间接自适应非线性控制方案。Henriques 等先离线训练神经网络模型，再利用李雅普诺夫稳定性理论和非线性观测理论对模型采用在线学习策略进行改进。该控制策略在西班牙 Acurex 集热场上进行了检测，实验结果验证了方案的可行性。

但是对于工质为水的槽式 DSG 系统，由于 2012 年第一座商业化的 DSG 槽式电站才投入运行，因此关于其控制系统的研究可以说是刚刚开始。公开发表的研究成果非常有限，仅有的几篇关于 DSG 系统控制方法和策略的文章都是基于 DISS 项目完成的。目前，国外采用的主要还是经典的比例-积分（PI）控制方法。

Valenzuela 设计实施了 DISS 项目直通模式和再循环模式槽式 DSG 系统的控制方案，并对其做了实验对比，验证了控制方案的可行性。所有的控制模型（包括蒸汽温度、汽水分离器水位以及蒸汽压力等）均采用传递函数模型，该模型通过在不同工况下对系统进行阶跃实验得到。Valenzuela 采用了经典的 PI/PID 控制器，控制器参数采用极点配置法得到。实验中，再循环模式槽式 DSG 系统表现出的控制性能可以接受；而直通模式槽式 DSG 系统较难控制，因此，在 PI 控制的基础上增加了前馈控制器，并采用了串级控制。

Eck 对再循环模式槽式 DSG 系统的汽水分离器水位和出口蒸汽给出了控制方案。对于汽水分离器水位控制，Eck 针对现有给水流量 PI 控制滞后大、调节慢的现象，在给水流量 PI 控制基础上，增加了集热场出口蒸汽产量的快速反馈回路，提高了控制性能。对于出口蒸汽控制，在 PI 控制的基础上并联前馈控制以提高控制性能。

2. 国内研究现状

与国外相比较，国内关于槽式 DSG 系统控制方案、控制策略的研究更是刚刚起步。张先勇等对槽式太阳能热发电系统中的太阳跟踪控制、温度与压力控制系统等关键控制问题的应用现状作了较为全面的综述。王桂荣、潘小弟等采用 PI 控制为辅的反馈线性化串级控制器对注入模式下的槽式 DSG 系统出口蒸汽温度控制进行了研究。但由于实验证明注入模式的测量系统不能正常工作，因此一般不采用注入模式作为槽式 DSG 系统的系统结构，但文中的控制方法和控制策略还是可以借鉴的。

从上面的文献分析可以看出，对油工质槽式系统的控制研究已经比较完善。而对工质为水的槽式 DSG 系统的控制研究，目前主要集中在以 PID 控制为基础的相关控制方案上。由于槽式 DSG 系统的控制对象多具有滞后大、惯性大、参数时变等特点，经典的 PID 控制方法较难达到良好控制效果，因此应该将先进控制理论应用到槽式 DSG 系统的控制中。

1.5 本书主要研究内容与成果

槽式太阳能热发电系统的发展方向是工质为水/水蒸气的槽式 DSG 系统。优化再循环模式和直通模式的集热场性能，提高其运行控制的稳定性是槽式 DSG 技术的研究方向。建立 DSG 槽式集热器和槽式 DSG 系统的数学模型，研究其运行机理、控制方法和策略，是实现上述研究目标的基础。而国内外针对槽式 DSG 系统建模与控制所做的研究还非常有限。

本书依据槽式系统的研究方向，针对目前 DSG 槽式集热器和槽式 DSG 系统集热场模型精确度不高、控制方案达不到预想控制效果的研究现状，从 DSG 槽式集热器、直通模式槽式 DSG 系统集热场、再循环模式槽式 DSG 系统集热场的工作机理以及工作特点出发，建立能较准确描述其热工特性的传热和水动力耦合（Heat - transfer and Hydrodynamic Coupling，HHC）稳态模型和非线性分布参数动态模型，并利用所建模型对其稳态特性和动态特性进行仿真分析，并在此基础上探讨再循环模式槽式 DSG 系统的控制策略及控制方案。具体包括以下几个方面：

（1）以典型 DSG 槽式集热器为研究对象，针对国内外现有 DSG 槽式集热器稳态模型不够精确的现状，基于热力学第一定律，根据 DSG 槽式集热器的传热特性和水动力特性，选择合适的参数模型，建立 DSG 槽式集热器 HHC 稳态模型。并运用 Fortran 语言编制计算程序，在求解中采用太阳辐射热能、工质焓值和工质压力耦合判定方法，对管内流体换热系数、蒸汽含汽率、压降、流体温度以及管壁温度等参数进行耦合求解，提高所得 DSG 槽式集热器管路沿线及出口处工质参数计算结果的精度，并对 DSG 槽式集热器的稳态特性进行仿真分析。利用实验数据对比和仿真分析，验证该模型的正确性和精确性。揭示在直射辐射强度、工质流量、入口工质温度、入口工质压力变化时，DSG 槽式集热器出口参数的变化规律。

（2）以典型 DSG 槽式集热器为研究对象，针对 DSG 槽式集热器长度很长，其能量来源——太阳辐射沿集热器管线方向分布不稳定、不均匀的特点，利用质量守恒方程、动量守恒方程、能量守恒方程、能量平衡方程、流体流动和传热半经验关系式、水/水蒸气热动力学特性状态关系式等方程，采用实时的传热系数和摩擦系数，沿时间方向和管长方向建立 DSG 槽式集热器的非线性分布参数动态模型。建立适用于移动云遮工况的云遮始末时间模型。利用上述模型解决 DSG 槽式集热器非线性集总参数模型不能模拟局部云遮、移动云遮等实际直射辐射强度变化工况的问题。并对全集热器范围内直射辐射强度、局部集热器范围内直射辐射强度、给水流量、给水温度等扰动时出口分别为热水、两相流、过热蒸汽的 DSG 槽式集热器以及移动云遮情况下出口为过热蒸汽的 DSG 槽式集热器的主要参数进行动态仿真及特性分析，验证模型的正确性。揭示直射辐射强度、工质流量、入口工质温度等变化时，DSG 槽式集热器主要工质参数的动态变化规律。

（3）以直通模式槽式 DSG 系统集热场为研究对象，建立直通模式槽式 DSG 系统集热场非线性分布参数模型。该模型由 DSG 槽式集热器非线性分布参数模型以及喷水减温器非线性集总参数模型组成。利用仿真分析验证该模型的正确性。揭示在直射辐射强度、工质流量、入口工质温度、入口工质压力变化时，直通模式槽式 DSG 系统集热场出口参数的变化规律。揭示全集热器范围内直射辐射强度、局部集热器范围内直射辐射强度、给水流量、喷水量等扰动时直通模式槽式 DSG 系统集热场工质参数的动态变化规律。揭示直射辐射强度扰动位置对其集热场工质参数的影响。在动态仿真的基础上，给出给水流量、喷水量变化时，集热场出口蒸汽温度的传递函数。

（4）以再循环模式槽式 DSG 系统集热场为研究对象，建立再循环模式槽式 DSG 系统集热场非线性分布参数模型，该模型由 DSG 槽式集热器非线性分布参数模型、汽水分离器非线性集总参数模型以及喷水减温器非线性集总参数模型组成。利用实验数据对比和仿真分析，验证该模型的正确性。揭示在直射辐射强度、工质流量、入口工质温度、入口工质压力变化时，再循环模式槽式 DSG 系统集热场出口参数的变化规律。揭示在全集热器范围内直射辐射强度、局部集热器范围内直射辐射强度、给水量、喷水量等等变化时，再循环模式槽式 DSG 系统集热场工质参数的动态变化规律。揭示直射辐射强度、扰动位置对其集热场工质参数的影响。在动态仿真的基础上，给出给水流量变化时，集热场汽水分离器水位的传递函数；以及喷水减温器喷水量变化时，集热场出口蒸汽温度的传递函数。

（5）对再循环模式槽式 DSG 系统控制方案进行研究。提出再循环模式槽式 DSG 系统全厂运行控制策略。以汽水分离器水位为控制对象，利用仿真得到的汽水分离器水位传递函数，采用抗积分饱和 PI 控制方案对其进行控制。提出多模型切换广义预测控制策略，并以再循环模式槽式 DSG 系统出口蒸汽温度为例，分别利用仿真得到的集热场出口蒸汽温度传递函数和文献测量模型验证该策略的可行性和有效性。

本书研究思路及具体的研究技术路线如图 1.14 所示。

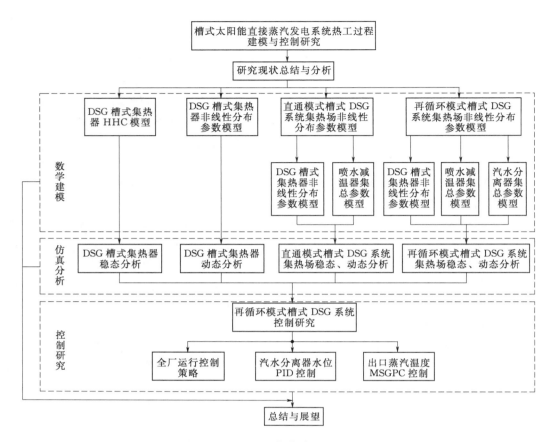

图 1.14　技术路线图

第 2 章　太阳辐射

2.1　地球绕太阳的运行规律

2.1.1　地球的公转与赤纬角

　　贯穿地球中心与南、北极相连的线称为地轴。地球除了绕地轴自转外，还在椭圆形轨道上围绕太阳公转，运行周期为一年。地球自转轴与椭圆轨道平面（称为黄道平面）的夹角为 $66°33'$，该轴在空间中的方向始终不变，因而赤道平面与黄道平面的夹角为 $23°27'$。但是，地心与太阳中心的连线（即午时太阳光线）与地球赤道平面的夹角是一个以一年为周期变化的量，它的变化范围为 $\pm23°27'$，这个角就是太阳赤纬角。赤纬角是地球绕日运行规律造成的特殊现象，它使处于黄道平面不同位置上的地球接受到的太阳光线方向也不同，从而形成地球四季的变化，如图 2.1 所示。北半球夏至（6 月 22 日）即南半球冬至，太阳光线正射北回归线 $\delta=23°27'$；北半球冬至（12 月 22 日）即南半球夏至，太阳光线正射南回归线 $\delta=-23°27'$；春分及秋分太阳正射赤道，赤纬角都为零，地球南、北半球日夜相等。每天的赤纬角可由库柏（Cooper）方程计算得到

$$\delta=23.45\sin\left(360°\times\frac{284+n}{365}\right) \tag{2.1}$$

式中：n 为所求日期在一年中的日子数，可借助表 2.1 查出。

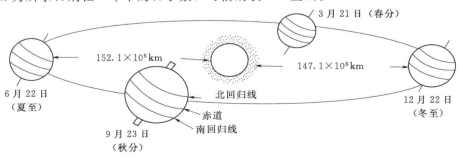

图 2.1　地球绕太阳运行图

表 2.1 所求日期在一年中的日子数[①]

月份	各月第 i 天日子数的算式	各月平均日[②]	平均日日子数	平均日赤纬角/℃
1	i	17 日	17	−20.9
2	$31+i$	16 日	47	−13.0
3	$59+i$	16 日	75	−2.4
4	$90+i$	15 日	105	9.4
5	$120+i$	15 日	135	18.8
6	$151+i$	11 日	162	23.1
7	$181+i$	17 日	198	21.2
8	$212+i$	16 日	228	13.5
9	$243+i$	15 日	258	2.2
10	$273+i$	15 日	288	−9.6
11	$304+i$	14 日	318	−18.9
12	$334+i$	10 日	344	−23.0

① 表中的日子数没有考虑闰年，对于闰年，3 月之后（包括 3 月）的日子数要加 1。

② 按某日算出大气层外的太阳辐射量和该月的日平均值最为接近，则将该日定作该月的平均日。

2.1.2 地球的自转与太阳时角

地球始终绕着地轴由西向东在自转，每转一周（360°）为一昼夜（24h）。显而易见，对地球上的观察者来说，太阳每天清晨从东方升起，傍晚从西方落下。时间可以用角度来表示，每小时相当于地球自转 15°。

在以后导出的太阳角度公式中，涉及的时间都是当地太阳时，它的特点是中午 12：00 阳光正好通过当地子午线，即在空中最高点处，它与日常使用的标准时间并不一致。转换公式为

$$太阳时＝标准时间＋E±4(L_{st}-L_{loc}) \tag{2.2}$$

式中：E 为时差，min；L_{st} 为制定标准时间采用的标准经度，(°)；L_{loc} 为当地经度，(°)。

所在地点在东半球取负号，西半球取正号。

我国以北京时为标准时间，将式（2.2）进行转化，即北京时与太阳时的转换式为

$$太阳时＝北京时＋E-4(120-L_{loc}) \tag{2.3}$$

转换时考虑了以下两项修正：

（1）E 是地球绕日公转时进动和转速变化而产生的修正，时差 E 以分为单位，可按下式计算

$$E=9.87\sin 2B-7.53\cos B-1.5\sin B \tag{2.4}$$

其中

$$B=\frac{360(n-81)}{364}$$

式中：n 为所求日期在一年中的日子数。

（2）考虑所在地区的经度 L_{loc} 与制定标准时间的经度（我国定为东经 120°）之差所产生的修正。由于经度每相差 1°，在时间上就相差 4min，所以公式中最后一项乘 4，单位也是 min。

用角度表示的太阳时称为太阳时角，以 ω 表示，可按下式计算

$$\omega = 15 \times （太阳时-12）\tag{2.5}$$

太阳时角是以一昼夜为变化周期的量，太阳午时 $\omega = 0°$。每昼夜变化为 $\pm 180°$，每小时相当于 15°，例如 10：00 相当于 $\omega = -30°$；15：00 相当于 $\omega = 45°$。

2.2　天球与天球坐标系

2.2.1　天球

所谓天球就是人们站在地球表面上，仰望天空，平视四周时看到的那个假象球面。根据相对运动的原理，太阳就好像在这个球面上周而复始地运动一样。要确定太阳在天球上的位置，最方便的方法是采用天球坐标系。天球坐标系需要选择一些基本的参数。

2.2.2　天球坐标系

1. 基本概念

天球坐标系是描述天体在天球上的视位置和视运动的球面坐标系。它包含基本点（原点、极点等）和基本圈（经圈、纬圈等）两个基本要素。

（1）天轴与天极。以地平面观测点 O 为球心，任意长度为半径作一个天球。通过天球中心 O 作一根直线 POP' 与地轴平行，这条直线称为天轴。天轴和天球交于 P 和 P'，其中与地球北极相对应的 P 点，称为北天极；与地球南极相对应的 P' 点，称为南天极，如图 2.2 所示。

天轴是一条假想的直线。由于地球绕地轴旋转是等速运动的，所以天球绕天轴旋转也是等速运动的，转速为 15°/h。天球在旋转过程中，只有南、北两个天极点是固定不动的。北极星大致位于天球旋转轴的北天极附近。

（2）天赤道。通过天球球心 O 作一个平面与天轴相垂直，显然它和地理赤道面是平行的。这个平面和天球相交所截出的大圆 QQ'，称为天赤道，如图 2.2 所示。

（3）时圈。通过北天极 P、南天极 P' 和太阳的大圆称为时圈。它与天赤道互相垂直，又称为赤经圈。

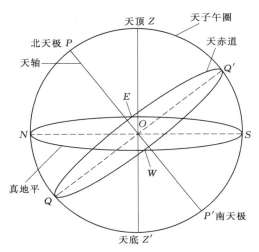

图 2.2　天球坐标系示意图

（4）赤纬圈。天球上与天赤道相平行的任意小圆。

（5）天顶和天底。通过天球球心 O 作一根直线和观测点铅垂线平行，它和天球的交点为 Z 和 Z'。其中 Z 恰好位于观测点的头顶上，称为天顶，和 Z 相对应的另一个 Z'，则位于观测者脚下，称为天底。

（6）真地平。通过天球球心 O 与 ZZ' 相垂直的平面在天球上所截出的大圆 SN 称为真地平。

（7）经圈与天子午圈。通过观察者天顶 Z 的大圆，称为地平经圈，简称经圈。它与真地平是相垂直的，因此也称为垂圈。

通过天顶 Z 和北天极 P 的特殊的经圈 $PZSN$，通常称为天子午圈。它和真地平交于点 N 和 S，靠近北极的点 N 称为北点，而与北极正相对的点 S 称为南点。若观测者面向北，其右方距南北各为 $90°$，E 称为东点，而与东点正相对的点 W 称为西点，且东、西两点正好是天赤道和真地平的交点。

2. 天球坐标系分类

天球的中心可以做不同的假定，由此可以确立如下不同的天球坐标系：①地平坐标系，天球中心与观察者位置重合；②赤道坐标系，天球中心与地球中心重合；③黄道坐标系，天球中心与太阳中心重合；④银道坐标系，天球中心与银河系中心重合。

下面针对太阳能工程中经常用到的坐标系进行详细介绍。

（1）地平坐标系。

以真地平为基本圈，南点为原点，由南点 S 起沿顺时针方向计量，弧 SA 为地平经度，转过的角度为方位角 γ_s，由南向西方向为正；由地平圈沿地平经圈向上计量，弧的角度称为地平高度 h，或由天顶沿地平经圈向下度量的角度称为天顶距 z。显然，$h+z=90°$，如图 2.3 所示。

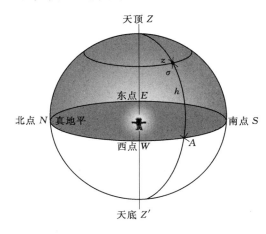

易证，天极的高度角等于当地的地理纬度。

在航天、航空、航海、大地测量、测时工作中广泛应用地平坐标系。但地平坐标系随地球一起转动，且随观测者的地理位置而变化，所以（传统）天文观测中较少使用地平坐标系。

（2）赤道坐标系。

赤道坐标系通常分为第一赤道坐标系和第二赤道坐标系。

第一赤道坐标系又称时角坐标系。以天赤道为基本圈，天子午圈与天赤道两个交点中的靠近南点的 Q' 为原点。两个坐标分别是

图 2.3 地平坐标系示意图

时角 t 和赤纬 δ。时角由 Q' 起顺时针方向为正，按小时计量，记为 t。赤纬由赤道圈为起点，向北为 $0°\sim90°$，向南为 $0°\sim-90°$，用 δ 表示，如图 2.4 所示。

天文中使用最多的是第二赤道坐标系，简称赤道坐标系。其以天赤道为基本圈，春分

点为原点。坐标为赤经 α 和赤纬 δ。赤经以春分点为起点，逆时针方向度量，0°到360°或 0 到 24h；赤纬由赤道圈为起点，向北为 0°～90°，向南为 0°～−90°。若不考虑岁差，赤道坐标系为固定坐标系，不随地球自转而变化，如图 2.4 所示。

（3）黄道坐标系。

以黄道为基本圈，春分点为基本点。两个坐标分别是黄经 λ 和黄纬 β。黄经以春分点为起点，逆时针方向度量 0～24h；黄纬与赤纬的度量方式相似。黄道与赤道的夹角称为黄赤交角，为 23°26′。

黄道坐标系不随地球自转，也不随观测点改变，主要用于描述太阳系天体的位置与运动，如图 2.5 所示。

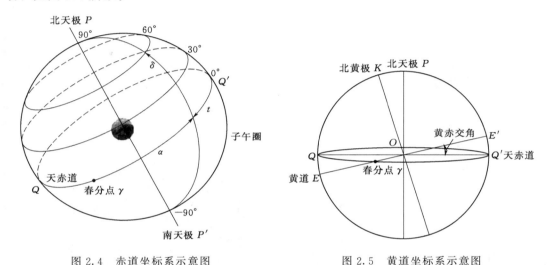

图 2.4　赤道坐标系示意图　　　　　　图 2.5　黄道坐标系示意图

（4）银道坐标系。

研究银河系内的天体位置常用银道坐标系。经过太阳且与银盘的对称平面相平行的平面称为银道面。银道面与天球相交的大圆即银道为基本圈。银道的几何极称为银极，与北天极邻近的银极称北银极。经过银极的任何大圆称为银经圈；与银道平行的小圆为银纬圈。银河系的中心方向（位于人马座）在天球上的投影必然落在银道上，取这点为银道坐标系的原点。从银河系重点方向沿银道逆时针方向度量到天球上一点的银经圈与银道交点的弧长为经向坐标，称为银经 L，银经从 0°～360°计算。从银道起沿过该点的银经圈度量到该点的大圆弧长为纬向坐标，称为银纬 b，银纬向北为 0°～90°，向南为 0°～−90°。

2.3　天球坐标系的变换

2.3.1　地平坐标与时角坐标的换算

设天体 σ 的地平坐标为 (A, z)，时角坐标为 (t, δ)，观测地点的地理纬度为 φ。由天极 P、天体 σ、天顶 Z 为顶点的球面三角形如图 2.6 所示。根据球面三角关系，可得如下换算：

（1）由地平坐标到时角坐标。

$$\sin\delta = \sin\varphi\cos z - \cos\varphi\sin z\cos A$$

$$\cos\delta\sin t = \sin z\sin A$$

$$\cos\delta\cos t = \sin\varphi\sin z\cos A + \cos z\cos\varphi$$

（2）由时角坐标到地平坐标。

$$\cos z = \sin\varphi\sin\delta + \cos\varphi\cos\delta\cos t$$

$$\sin z\sin A = \cos\delta\sin t$$

$$\sin z\cos A = -\sin\delta\cos\varphi + \cos\delta\sin\varphi\cos t$$

2.3.2 赤道坐标与黄道坐标的换算

设天体的黄道坐标为 (λ,β)，赤道坐标为 (α,δ)，黄赤交角为 ε，如图2.7所示，则：

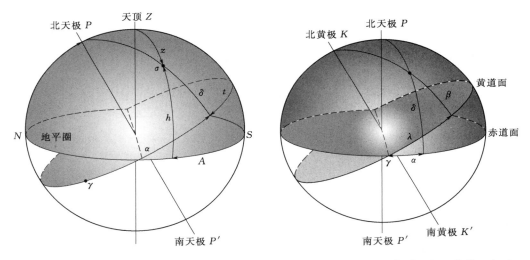

图2.6 地平坐标与时角坐标的换算示意图　　图2.7 赤道坐标与黄道坐标的换算示意图

（1）由赤道坐标到黄道坐标。

$$\sin\beta = \sin\delta\cos\varepsilon - \sin\varepsilon\cos\delta\sin\alpha$$

$$\cos\beta\cos\lambda = \cos\delta\cos\alpha$$

$$\cos\delta\sin\lambda = \sin\varepsilon\sin\delta + \cos\delta\cos\varepsilon\sin\alpha$$

（2）由黄道坐标到赤道坐标。

$$\sin\delta = \sin\beta\cos\varepsilon - \sin\varepsilon\cos\beta\sin\lambda$$

$$\cos\delta\cos\alpha = \cos\beta\cos\lambda$$

$$\cos\delta\sin\alpha = -\sin\varepsilon\sin\beta + \cos\beta\cos\varepsilon\sin\lambda$$

2.4　太阳光线相关角度的定义

2.4.1　太阳高度角与天顶角

如图 2.8 所示，从太阳中心向地面某一观察点做一条射线，该射线在地面上有一投影线，这两条线的夹角 α_s 称为太阳高度角。该射线与地面法线的夹角称为太阳天顶角 θ_z。这两个角度互成余角。

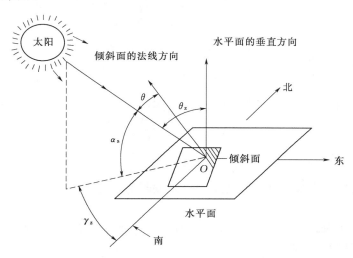

图 2.8　与太阳光线有关的几何角度图

太阳高度角 α_s 可由下式计算得到

$$\sin\alpha_s = \sin\delta\sin\varphi + \cos\delta\cos\varphi\cos\omega \tag{2.6}$$

式中：φ 为当地纬度。

根据天顶角与高度角互为余角可知，太阳天顶角 θ_z 也可由下式计算得到

$$\cos\theta_z = \sin\delta\sin\varphi + \cos\delta\cos\varphi\cos\omega \tag{2.7}$$

2.4.2　太阳方位角

如图 2.8 所示，从太阳中心向地面某一观察点做的这条射线在地面上的投影线与正南方的夹角 γ_s 为太阳的方位角。γ_s 可由以下两式计算得到

$$\cos\gamma_s = \frac{\sin\alpha_s\sin\varphi - \sin\delta}{\cos\alpha_s\cos\varphi} \tag{2.8}$$

$$\sin\gamma_s = \frac{\cos\delta\sin\omega}{\cos\alpha_s} \tag{2.9}$$

2.4.3　太阳入射角

太阳光线与集热面法线之间的夹角 θ 称为太阳入射角。太阳光线可分为两个分量，一

个垂直于集热面，另一个平行于集热面，只有前者的辐射能被集热面所截取。由此可见，实际应用中，入射角 θ 越小越好。

2.5　日照时间

太阳在地平线的出没瞬间，其太阳高度角 $\alpha_s = 0$。若不考虑地表曲率及大气折射的影响，根据式（2.6），可得日出日落时角 ω_θ 表达式为

$$\cos\omega_\theta = -\tan\varphi\tan\delta \tag{2.10}$$

式中：ω_θ 为日出日落时角，（°），正为日落时角；负为日出时角。

对于北半球，当 $-1 \leqslant -\tan\varphi\tan\delta \leqslant 1$，解式（2.10），有

$$\omega'_\theta = \arccos(-\tan\varphi\tan\delta) \tag{2.11}$$

所以日出时角 $\omega_{\theta r} = -\omega'_\theta$，日落时角 $\omega_{\theta s} = \omega'_\theta$。

求出时角 ω_θ 后，日出日落时间用 $t = \dfrac{\omega_\theta}{15°/h}$ 求出。一天中可能的日照时间为

$$N = \frac{2}{15}\arccos(-\tan\varphi\tan\delta) \tag{2.12}$$

2.6　太阳常数和大气层外太阳辐射强度

由地球绕太阳的运行规律可知，地球在椭圆形轨道上围绕太阳公转。地球轨道的偏心率不大，1 月 1 日近日点时，日地距离为 $147.1 \times 10^6 \text{km}$，7 月 1 日远日点时为 $152.1 \times 10^6 \text{km}$，相差约为 3%。

地球轨道的偏心修正系数（工程用）为

$$\xi_0 = \left(\frac{r_0}{r}\right)^2 = 1 + 0.033\cos\frac{360n}{365} \tag{2.13}$$

式中：r_0 为日地平均距离；r 为观察点的日地距离；n 为一年中某一天的顺序数。

当日地间的距离等于一个天文单位距离（即日地间的平均距离）时，太阳的张角为 $32'$。太阳本身的特征以及它与地球之间的空间关系，使得地球大气层外的太阳辐射强度几乎是一个定值。太阳常数 G_{sc} 是指在地球大气层外，在平均日地距离处，垂直于太阳辐射的表面上，单位面积单位时间内所接收到的太阳辐射能。Thekaekara 和 Drummond（1971 年）将一些测量值总结整理后提出太阳常数的标准值为 $1353\text{W}/\text{m}^2$。1981 年，世界气象组织（WMO）公布的太阳常数值是 $(1367 \pm 7)\text{W}/\text{m}^2$。

实际上，大气层外的太阳辐射强度 G_{on} 随着日地距离的改变，可由式（2.14）和图 2.9 确定。

$$G_{on} = G_{sc}\left(1 + 0.033\cos\frac{360n}{365}\right) \tag{2.14}$$

式中：G_{sc} 为太阳常数；n 为所求日期在一年中的子数。

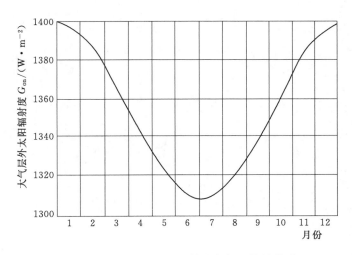

图 2.9　大气层外太阳辐射强度与月份的关系

第 3 章　槽式聚光集热器光学基础

3.1　太阳能光学设计原理

3.1.1　太阳圆面张角

  尽管太阳距离地球很远，但对地球来说太阳并非点光源，而是日轮。所以，地球上的任意一点与入射的太阳光线之间具有一个很小的夹角 $2\delta_n = 32'$，通常称为太阳圆面张角，如图 3.1 所示。这就是说，太阳光为非平行光，是以 $32'$ 太阳圆面张角入射到地球表面，这是设计一切太阳能聚光系统的十分重要的物理参量。于是，可以求得太阳圆面半张角为 $\delta_n = 16'$。

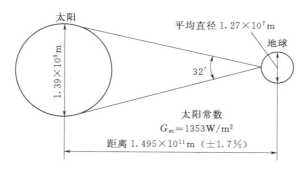

图 3.1　太阳与地球的几何关系

3.1.2　几何光学原理

  几何光学的 3 个实验定律分别是光的直线传播定律、光的独立传播定律、光的反射定律和折射定律。

  （1）光的直线传播定律：在均匀的介质中，光沿直线传播。

  （2）光的独立传播定律：光在传播过程中与其他光束相遇时，不改变传播方向，各光束互不受影响，各自独立传播。

（3）光的反射定律和折射定律：当光由一介质进入另一介质时，光线在两个介质的分界面上被分为反射光线和折射光线。

1）反射定律：入射光线、反射光线和法线在同一平面内，这个平面称为入射面，入射光线和反射光线分居法线两侧，入射角等于反射角。

2）光的折射定律：入射光线、折射光线和法线同在入射面内，入射光线和折射光线分居法线两侧，介质折射率不仅与介质种类有关，而且与光波长有关。

3.1.3　光线追迹法

光线追迹法是聚光器设计的基本方法。光线追迹法的基本思路是：设计者针对所设计的光学系统，选出若干条通过全系统而又具有代表性的光线，其中有些是旁轴的，另一些是倾斜的，但无论对哪一种光线，设计者都必须从物一直追迹到像的位置，从而求得光线的准确路径。

光线追迹法一般有光学图解法和计算法两种。光学图解法是几何作图法，直观方便，但难以达到很高的设计精度。计算法的基本做法是：根据反射定律推导出反射镜的反射线的方程，再根据折射定律推导出透镜的折射线方程，然后对这些方程进行计算，从光源一直追迹到像的位置。由于计算机的发展、普及和普遍应用，有专门的应用程序并配以立体显示，可以说计算法完全替代了图解法，已成为当今光学设计的主要方法。

3.1.4　蒙特卡洛法

蒙特卡洛法（Monte Carlo Method，MCM）是一种概率模拟方法，它是通过随机变量的统计试验来求解数学物理或工程技术问题的一种数值方法。

MCM 的基本原理如下：由概率定义知，某事件的概率可以用大量试验中该事件发生的频率来估算，当样本容量足够大时，可以认为该事件的发生频率即为其概率。因此，可以先对影响其可靠度的随机变量进行大量的随机抽样，然后把这些抽样值一组一组地代入功能函数式，确定结构是否失效，最后从中求得结构的失效概率。MCM 正是基于此思路进行分析的。

设有统计独立的随机变量 X_i（$i=1,2,3,\cdots,k$），其对应的概率密度函数分别为 $f(x_1),f(x_2),\cdots,f(x_k)$，功能函数式为 $Z=g(x_1,x_2,\cdots,x_k)$。首先根据各随机变量的相应分布，产生 N 组随机数 $x_1,x_2,\cdots,x_k$ 值，计算功能函数值 $Z_i=g(x_1,x_2,\cdots,x_k)$（$i=1,2,3,\cdots,N$），若其中有 L 组随机数对应的功能函数值 $Z_i\leqslant0$，则当 $N\rightarrow\infty$ 时，根据伯努利大数定理及正态随机变量的特性可得结构失效概率和可靠指标。

MCM 计算辐射换热的基本思想是：将热辐射的传输过程分解为发射、反射、吸收、散射等一系列独立的子过程，并建立每个子过程的概率模型。令每个单元发射一定量的能束，跟踪、统计每个能束的归宿（被哪些单元吸收或反射），从而得到该单元辐射能量分配的统计结果。

在辐射传递计算中应用的 MCM 主要有两种方法：①抽样能束携带能量，概率模拟和能量平衡方程的求解没有分离；②抽样能束不携带能量，概率模拟和温度场的迭代计算分离。前一种方法中，温度场每变化一次就需要重新进行一次 MCM 模拟计算，计算量巨大；后一种方法中，由 MCM 模拟计算的是各表面之间的辐射换热能量份额，通常以辐射传递系数（或辐射传递因子、辐射交换因子、辐射网络系数）表示，只要各表面的辐射物性不变，辐射传递系数不变。当温度场变化时，只需重新求解能量平衡方程即可，因此，目前普遍采用后一种方法。

3.2 太阳辐射的透过、吸收和反射现象

3.2.1 基本概念

太阳辐射通过物体表面时，同时发生吸收、透过和反射现象，如图 3.2 所示。

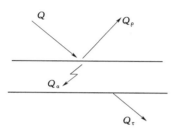

图 3.2 吸收、透过和反射能量示意图

根据能量守恒原理，太阳辐射的总能量 Q 即为物体吸收的能量 Q_α、反射出去的能量 Q_ρ 和透过的能量 Q_τ 的总和，即

$$Q = Q_\alpha + Q_\rho + Q_\tau \tag{3.1}$$

由式（3.1）可得

$$1 = \frac{Q_\alpha}{Q} + \frac{Q_\rho}{Q} + \frac{Q_\tau}{Q} \tag{3.2}$$

由式（3.2）有

$$\alpha + \rho + \tau = 1 \tag{3.3}$$

其中

$$\alpha = \frac{Q_\alpha}{Q}, \quad \rho = \frac{Q_\rho}{Q}, \quad \tau = \frac{Q_\tau}{Q}$$

式中：α 为吸收率，即被物体所吸收的辐射能与投射到该物体表明上的总辐射能之比。ρ 为反射率，即被物体表面所反射的辐射能与投射到该物体表明上的总辐射能之比。τ 为透射率，即透过物体的辐射能与投射到该物体表明上的总辐射能之比。

实践证明，气体对辐射能几乎没有反射能力，可认为反射率 $\rho = 0$，则式（3.3）简化为

$$\alpha + \tau = 1 \tag{3.4}$$

可以看出，吸收率大的气体，其透射率小。

在辐射能进入固体或液体表面后，在一个极短的距离内就被吸收完。对于金属导体，该距离仅为 $1\mu m$ 的数量级。对于非导体，这一距离也仅为 $100\mu m$。实用工程材料的厚度一般都大于这个数值，因此可认为固体和液体不允许辐射穿透，即透射率 $\tau = 0$，则式（3.3）可简化成

$$\alpha + \beta = 1 \tag{3.5}$$

当物体表面较光滑，如高度磨光的金属板，其粗糙不平的尺度小于射线的波长时，物体表面对投射辐射呈镜面反射，入射角与反射角相等。当表面粗糙不平的尺度大于射线的波长时，如一般工程材料的表面，将得到扩散反射，这时表面吸收率比镜面材料的大。对工业高温下的热辐射来说，对射线的吸收和反射有重大影响的是表面粗糙度，而不是表面

的颜色。例如，白色表面对太阳辐射的吸收率很低，黑色表面则相反。然而，白色表面和黑色表面对工业高温下的热辐射几乎有相同的吸收率。

定义以下几种特殊形式：全透明体，$\tau=1$；黑体，$\alpha=1$；白体，$\rho=1$；不透明体，$\alpha+\rho=1$。

实际常用的工程材料，大都为半透明体或不透明体。

3.2.2 交界面的反射

菲涅尔（Fresnel）导出了非偏振辐射通过折射率为 n_1 的介质 1 到折射率为 n_2 的介质 2 的反射关系式为

$$\rho_\lambda = \frac{1}{2}\left[\frac{\sin^2(i_2-i_1)}{\sin^2(i_2+i_1)}+\frac{\tan^2(i_2-i_1)}{\tan^2(i_2+i_1)}\right] \tag{3.6}$$

如图 3.3 所示，i_1 和 i_2 分别为入射角和折射角，而且这两个角与折射率有关。在式（3.6）中，方括号中的两项表示两个偏振分量的每一个分量的反射。因此式（3.6）给出了非偏振辐射的反射为两个分量的平均值。

根据几何光学，入射角与折射角的关系为

$$\frac{\sin i_2}{\sin i_1} = \frac{n_1}{n_2} \tag{3.7}$$

若投射角和折射率已知，则从式（3.6）与式（3.7）就可计算出单个界面的反射率。

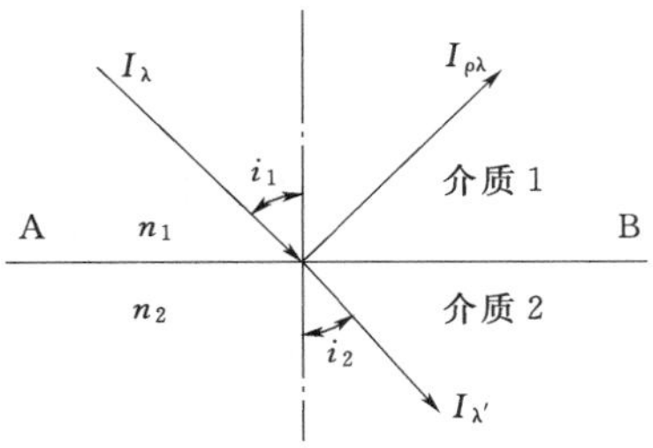

某些介质在可见光区的折射率见表 3.1。

图 3.3 在折射率为 n_1 和 n_2 的介质中的入射角和折射角

表 3.1 某些介质在可见光区的折射率

介质	折射率	介质	折射率
空气	1.00	聚碳酸酯	1.59
水	1.33	聚氟乙烯	1.45
玻璃	1.526		

当射线以法线方向入射时，$i_1=i_2=0$，有

$$\rho_{\lambda(0)} = \left(\frac{n_1-n_2}{n_1+n_2}\right)^2 \tag{3.8}$$

式中：$\rho_{\lambda(0)}$ 为波长 λ 的射线在法向入射时的界面一次反射率。

3.2.3 光线通过半透明介质

对于不透明表面，吸收率与反射率之和应为 1。如果表面对投射辐射具有一定的透明度，则吸收率、反射率及透射率之和应为 1（即投射辐射被吸收、反射或透过）。此关系对于表面或有限厚度的几层材料都成立。正如反射率和吸收率一样，透射率是波长、投射辐射的投射角以及材料的折射率 n 和消光系数 K 的函数。严格地讲，n 和 K 是辐射波长的函数，但对于大多数太阳能应用，可假定它们与 λ 无关。关于太阳辐射透射的一些重要

性考虑的综述，可以参考 Dietz 和 Siegel 等人的文章。

1. 忽略半透明体吸收的透射率（仅考虑反射）

在太阳能利用中，要求太阳辐射透过透明板或透明层，因此每个盖层都有两个交界面要引起反射损失。在这种情况下，假定盖层界面的两边都是空气，对于每一个偏振分量，光束在第二表面处的减少与在第一表面处的相同。

如图 3.4 所示，忽略在板中的吸收，投射光束的 $1-\rho$ 部分到达第二界面。在这部分

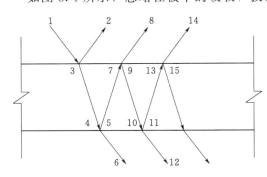

图 3.4　射线通过半透明介质示意图

中，$(1-\rho)^2$ 通过界面，而 $\rho(1-\rho)$ 反射回到第一界面，以此类推。设入射光强度为 I，则点 2 处的辐射强度 $I\rho$；点 3 处的辐射强度为 $(1-\rho)I$；点 4 处的辐射强度为 $(1-\rho)I$；点 5 处的辐射强度为 $(1-\rho)\rho I$；点 6 处的辐射强度为 $(1-\rho)^2 I$；点 7 处的辐射强度为 $(1-\rho)\rho I$；点 8 处的辐射强度为 $(1-\rho)^2\rho I$；点 9 处的辐射强度为 $(1-\rho)\rho^2 I$；点 10 处的辐射强度为 $(1-\rho)\rho^2 I$；点 11 处的辐射强度为 $(1-\rho)\rho^3 I$；点 12 处的辐射强度

为 $(1-\rho)^2\rho^2 I$；点 13 处的辐射强度为 $(1-\rho)\rho^3 I$；点 14 处的辐射强度为 $(1-\rho)^2\rho^3 I$。

叠加所得到的项，对于一层盖层忽略吸收时的透射率为

$$\tau_{\mathrm{r},1} = (1-\rho^2)\sum_{n=0}^{\infty}\rho^{2n} = \frac{(1-\rho)^2}{1-\rho^2} = \frac{1-\rho}{1+\rho} \tag{3.9}$$

对于一个同种材料的 n 层盖层的系统，类似的分析得出

$$\tau_{\mathrm{r},n} = \frac{1-\rho}{1+(2n-1)\rho} \tag{3.10}$$

此关系式对于两个偏振分量的每一个分量都是成立的。对于非偏振光的透射率，取两个分量的平均透射率来求得。其中，对于小于 $40°$ 的角，透射率可用前面讲到的非偏振光反射率公式按 n 层盖层的系统公式进行估算。

2. 仅考虑半透明体吸收的透射率（仅考虑吸收）

如图 3.5 所示，波长为 λ 的太阳辐射通过半透明介质中厚度为 $\mathrm{d}x$ 的薄层后，其辐射强度将减少 $\mathrm{d}I_\lambda$。

可以认为，$\mathrm{d}I_\lambda$ 与 $\mathrm{d}x$ 及入射强度 I_λ 的乘积成正比，即

$$\mathrm{d}I_\lambda = -K_\lambda I_\lambda \mathrm{d}x \tag{3.11}$$

式中：K_λ 为半透明介质的消光系数，由介质物性决定。

由式（3.11）可知

$$I_{\lambda\tau} = I_{\mathrm{o}\lambda}\mathrm{e}^{-K_\lambda x} \tag{3.12}$$

当光线所经过的路线长度为 L 时，式（3.12）写为

$$I_{\lambda\tau} = I_{\mathrm{o}\lambda}\mathrm{e}^{-K_\lambda L} \tag{3.13}$$

其中

$$L = \frac{d}{\cos i_2} \tag{3.14}$$

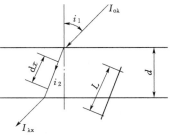

图 3.5　射线通过半透明介质的吸收与透射（仅考虑吸收）

式中：$I_{\lambda\tau}$ 为经过半透明层后，波长为 λ 的太阳辐射强度；$I_{o\lambda}$ 为刚进入半透明层时，波长为 λ 的太阳辐射强度；K_λ 为介质的消光系数，mm^{-1}；L 为射线透过薄层时的路程长度；d 为透明层的厚度，mm。

仅考虑半透明体吸收的透射率为

$$\tau_a = \frac{I_{\lambda\tau}}{I_{o\lambda}} = e^{-K_\lambda L} \tag{3.15}$$

3.2.4 光线通过单层半透明介质的透射率、吸收率和反射率

实际上，外界辐射投射在半透明薄层上时，半透明层的上、下表面及层的内部将发生复杂的反射、透射和吸收过程。这一过程中的实际透射率、吸收率和反射率定义如下：

有效反射率 ρ_e：各反射辐射光线无穷多项辐射强度之和与入射辐射强度之比。

有效透射率 τ_e：各透射光线无穷多项辐射强度之和与入射辐射强度之比。

有效吸收率 α_e：半透明介质所吸收的辐射总量与入射辐射强度之比。

假设半透明介质的一次透射率（仅考虑吸收）、吸收率及反射率分别为 τ_a、α 及 ρ，入射光强度为 I，则根据图 3.4 可知：

图 3.4 中，点 2 处的辐射强度为 $I\rho$；点 3 处的辐射强度为 $(1-\rho)I$；点 4 处的辐射强度为 $(1-\rho)\tau_a I$；点 5 处的辐射强度为 $(1-\rho)\rho\tau_a I$；点 6 处的辐射强度为 $(1-\rho)^2\tau_a I$；点 7 处的辐射强度为 $(1-\rho)\rho\tau_a^2 I$；点 8 处的辐射强度为 $(1-\rho)^2\rho\tau_a^2 I$；点 9 处的辐射强度为 $(1-\rho)\rho^2\tau_a^2 I$；点 10 处的辐射强度为 $(1-\rho)\rho^2\tau_a^3 I$；点 11 处的辐射强度为 $(1-\rho)\rho^3\tau_a^3 I$；点 12 处的辐射强度为 $(1-\rho)^2\rho^2\tau_a^3 I$；点 13 处的辐射强度为 $(1-\rho)\rho^3\tau_a^4 I$；点 14 处的辐射强度为 $(1-\rho)^2\rho^3\tau_a^4 I$。

从点 3 至点 4 处的吸收量为 $(1-\rho)(1-\tau_a)I$；从点 9 至点 10 处的吸收量为 $(1-\rho)(1-\tau_a)\rho^2\tau_a^2 I$；从点 5 至点 7 处的吸收量为 $(1-\rho)(1-\tau_a)\rho\tau_a I$；从点 11 至点 13 处的吸收量为 $(1-\rho)(1-\tau_a)\rho^3\tau_a^3 I$。

因此，将图 3.4 中点 6、点 12 等的辐射强度累计，可得单层半透明介质的有效透射率为

$$\tau_e = \frac{\sum I_{\lambda\tau}}{I} = \frac{\dfrac{(1-\rho)^2\tau_a I}{1-\rho^2\tau_a^2}}{I} = \frac{(1-\rho)^2\tau_a}{1-\rho^2\tau_a^2} \tag{3.16}$$

将图 3.4 中点 2、点 8、点 14 等的辐射强度累计，单层半透明介质的有效反射率为

$$\rho_e = \frac{\sum I_{\lambda\rho}}{I} = \frac{I\rho + \dfrac{(1-\rho)^2\rho\tau_a^2 I}{1-\rho^2\tau_a^2}}{I} = \rho\left[1 + \frac{(1-\rho)^2\tau_a^2}{1-\rho^2\tau_a^2}\right] \tag{3.17}$$

同理，单层半透明介质的有效吸收率为

$$\alpha_e = \frac{\sum \Delta I_{\lambda\tau}}{I} = \frac{(1-\rho)(1-\tau_a)}{1-\rho^2\tau_a^2} + \frac{(1-\rho)(1-\tau_a)\rho\tau_a}{1-\rho^2\tau_a^2} = \frac{(1-\rho)(1-\tau_a)}{1-\rho\tau_a} \tag{3.18}$$

式（3.16）～式（3.18）对于两个偏振分量的每一个分量都是成立的。对于非偏振光的相关效率取两个分量的平均值求得。

对于实际的太阳能吸热器盖板，由于 τ_a 极少小于 0.9，且 ρ 约在 0.1，将忽略吸收时

非偏振光通过单层盖板的透射率公式代入式（3.16）并简化，可得单层盖板的透射率为

$$\tau = \tau_r \tau_a \tag{3.19}$$

对于太阳集热器，在实际有意义的角度下此条件总是满足的，因此透射率（3.19）是一个令人满意的关系式。

同理，单层太阳能吸热器盖板的吸收率可以做如下简化

$$\alpha = 1 - \tau_a = 1 - \frac{I_{\lambda\tau}}{I_{o\lambda}} = 1 - e^{-K_\lambda L} \tag{3.20}$$

尽管关系式（3.18）忽略的部分比关系式（3.16）忽略的部分要大，但由于盖板的吸收率比透射率要小得多，因此透射率和吸收率的总精确度是基本相同的。

由于单层盖板的反射率、吸收率和透射率之间有式（3.3）的关系，因此光线通过单层半透明介质的反射率 ρ 为

$$\rho = \tau_a(1 - \tau_r) = \tau_a - \tau \tag{3.21}$$

式（3.19）～式（3.21）通过 τ_r 将偏振因素考虑了进来，有效简化了关系式（3.16）～式（3.18）复杂的公式表达。

3.2.5 透射率和吸收率的乘积

在计算吸热器光学效率时，经常要用到透射率和吸收率的乘积（$\tau\alpha$）这个概念。当太阳辐射进入图 3.6 这样的吸热器系统时，光线在盖板和吸收体之间被反射、吸收多次，并最终被吸收体吸收。τ 为光线在设计角度下通过盖板系统的透射率，α 为吸收体的方向吸收率。光线入射吸热器系统，首先被吸收体吸收 $\tau\alpha$，$(1-\alpha)\tau$ 部分被反射回盖板系统内表面。假设该反射为漫反射，因此该分量 $(1-\alpha)\tau$ 经过盖板系统再次反射后，有 $(1-\alpha)\tau\rho_d$ 部分被反射回吸热体表面，其中 ρ_d 为盖层板对投射的漫射反射的反射率。

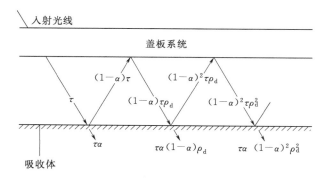

图 3.6　吸热器系统对太阳辐射的吸收

因此，光线在吸热器系统中经多次漫反射和吸收后，吸热体最终吸收的能量为

$$(\tau\alpha) = \frac{\tau\alpha}{1 - (1-\alpha)\rho_d} \tag{3.22}$$

式中：τ 为盖板系统在所设想角度下求得的透射率；α 为吸收体表面的方向吸收率；ρ_d 为盖层板对投射的漫射反射的反射率。漫反射率 ρ_d 可以用 60°投射角时盖层系统的镜反射数据来估算。对于 1、2、3、4 层玻璃系统，其漫反射率分别为 0.16、0.24、0.29 和 0.32。

第4章 槽式聚光集热器表面直射辐射强度及光学效率计算

4.1 地球大气层外水平面上的太阳辐射

首先对太阳辐射做如下定义。

直射辐射：未改变照射方向，以平行光形式到达地球表面的太阳辐射。

散射辐射：太阳辐射遇到大气中的气体分子、尘埃等产生散射，以漫射形式到达地球表面的辐射能。

太阳总辐射：地球表面某一观测点水平面上接收的太阳直射辐射与太阳散射辐射的总和。

任何地区、任何一天、白天的任意时刻，大气层外水平面上的太阳能辐射强度的计算为

$$G_{on} = G_{sc}\left[1 + 0.033\cos\left(\frac{360n}{365}\right)\right]\cos\theta_Z \tag{4.1}$$

式中：G_{sc} 为太阳常数；n 为所求日期在一年中的日子数。

式（4.1）中 $\cos\theta_Z$ 可从式（2.6）和式（2.7）求得，因而

$$G_{on} = G_{sc}\left[1 + 0.033\cos\left(\frac{360n}{365}\right)\right](\sin\delta\sin\varphi + \cos\delta\cos\varphi\cos\omega) \tag{4.2}$$

大气层外水平面上 1 天内的太阳辐射量 H_o 可以通过对式（4.2）从日出到日落时间区间内的积分求出。太阳常数的单位是 W/m^2，H_o 的单位就是 J/m^2。

$$H_o = \frac{24 \times 3600 G_{sc}}{\pi}\left[1 + 0.033\cos\left(\frac{360n}{365}\right)\right] \times \left[\cos\varphi\cos\delta\sin\omega_s + \frac{\pi\omega_s}{180}\sin\varphi\sin\delta\right] \tag{4.3}$$

式中：ω_s 为日落时角，（°），可用式（2.11）求出。若要求大气层外水平面上月平均日的太阳辐射量 $\overline{H}_o$，只要将表 2.1 上规定的月平均日的 n 和 δ 代入式（4.3）即可计算。图 4.1 和表 4.1 分别给出 $\overline{H}_o$ 的图线和数值。

至于计算大气层外水平面上，每小时内太阳的辐射量 $I_{\circ}$ 可通过对式（4.2）在 1h 内的积分求得。ω_1 对应 1h 的起始角，ω_2 是终了时角，ω_2 大于 ω_1。

$$I_{\circ}=\frac{12\times3600}{\pi}G_{sc}\left[1+0.033\left(\frac{360n}{365}\right)\right]\times\left[\cos\varphi\cos\delta(\sin\omega_2-\sin\omega_1)+\frac{\pi(\omega_2-\omega_1)}{180}\sin\varphi\sin\delta\right]$$

(4.4)

若 ω_1 和 ω_2 定义的时间区间不是 1h，公式仍然成立。

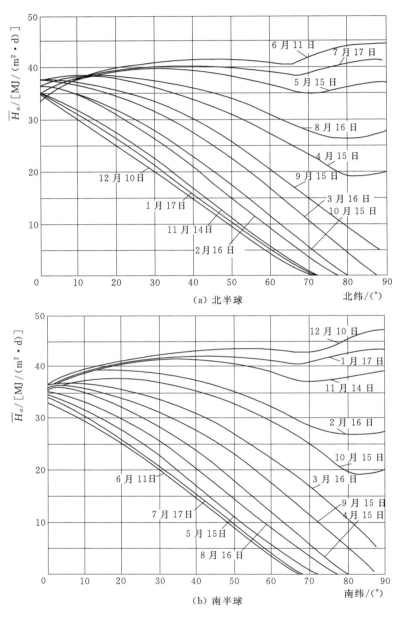

图 4.1　$G_{sc}=1353\text{W/m}^2$，大气层外水平面上月平均日的太阳辐射量 $\overline{H}_{\circ}$。

表 4.1　　　大气层外月平均日的太阳辐射量 $\overline{H}_o$。（太阳常数 $G_{sc}=1353\mathrm{W/m^2}$）

单位：MJ/（m²·d）

纬度 /(°)	月　份											
	1	2	3	4	5	6	7	8	9	10	11	12
65	3.5	8.2	16.7	27.3	36.3	40.6	38.4	30.6	20.3	10.7	4.5	2.3
55	6.1	11.2	19.6	29.3	37.2	40.6	39.0	32.2	22.9	13.6	7.2	4.8
50	9.1	14.2	22.3	31.2	38.1	41.1	39.6	33.7	25.3	16.6	10.2	7.6
45	12.1	17.2	24.8	32.9	38.8	41.3	40.0	35.0	27.5	19.4	13.2	10.5
40	15.1	20.1	27.2	34.3	39.3	41.3	40.2	36.1	29.5	22.1	16.2	13.6
35	18.1	22.8	29.3	35.5	39.5	41.1	40.2	36.9	31.3	24.7	19.1	16.7
30	21.1	25.5	31.2	36.4	39.6	40.7	40.0	37.5	32.9	27.1	22.0	19.7
25	23.9	27.9	32.9	37.1	39.4	40.0	39.5	37.8	34.2	29.3	24.8	22.6
20	26.7	30.2	34.4	37.5	38.9	39.1	38.9	37.8	35.3	31.3	27.4	25.5
15	29.3	32.3	35.5	37.6	38.1	38.0	37.9	37.6	36.1	33.1	29.8	28.2
10	31.7	34.1	36.4	37.5	37.1	36.6	36.7	37.1	36.6	34.6	32.1	30.8
5	33.9	35.7	37.1	37.1	35.9	35.0	35.3	36.3	36.8	35.9	34.1	33.1
0	35.9	37.0	37.4	36.4	34.4	33.2	33.6	35.3	36.8	36.9	36.0	35.3
−5	37.6	38.1	37.5	35.4	32.7	31.1	31.7	34.1	36.5	37.7	37.5	37.3
−10	39.1	38.9	37.3	34.2	30.7	28.9	29.6	32.6	35.9	38.1	38.9	39.0
−15	40.4	39.4	36.8	32.7	28.6	26.5	27.4	30.8	35.0	38.3	39.9	40.4
−20	41.4	39.6	36.0	31.0	26.3	23.9	24.9	28.8	33.9	38.2	40.7	41.7
−25	42.1	39.6	35.0	29.0	23.8	21.3	22.3	26.7	32.5	37.8	41.3	42.6
−30	42.5	39.3	33.7	26.9	21.2	18.5	19.7	24.3	30.9	37.2	41.5	43.3
−35	42.7	38.7	32.1	24.5	18.4	15.7	16.9	21.8	29.0	36.3	41.5	43.8
−40	42.7	37.8	30.3	22.0	15.6	12.8	14.0	19.2	27.0	35.1	41.3	44.0
−45	42.4	36.7	28.3	19.4	12.8	9.9	11.2	16.5	24.7	33.7	40.8	44.0
−50	41.9	35.3	26.1	16.6	9.9	7.1	8.3	13.6	22.2	32.0	40.1	43.8
−55	41.3	33.8	23.6	13.7	7.1	4.5	5.6	10.8	19.6	30.2	39.2	43.5
−60	40.6	32.1	21.0	10.8	4.4	2.1	3.1	7.9	15.8	28.1	38.3	43.2

4.2　大气层对太阳辐射的影响

4.1 节讨论了大气层辐射量的计算公式，虽然大气层厚度约为 30km，不及地球直径的 1/400，却对太阳辐射的数量和分布都有较大的影响，到达地面的太阳辐射量会因大气的吸收、反射和散射而变化。本节讨论影响太阳辐射的主要因素。

1. 大气质量

到达地面的太阳辐射量与太阳光线通过大气层时的路径长短有关，路径越长表示被大气吸收、反射、散射的可能越多，到达地面的越少。把太阳直射光线通过大气层时的实际光学厚度与大气层法向厚度之比称为大气质量，以符号 m 表示。在海平面上，当太阳处于天顶位置（即直射头顶）时，$m=1$；而当天顶角 $\theta_z=60°$ 时，$m=2$。除很大的天顶角（$m>3$，这时地球的曲率不能忽略）外，有

$$m=\sec\theta_z=\frac{1}{\sin\alpha} \qquad (0°<\alpha<90°) \qquad (4.5)$$

由图 4.2 可见，当时 $\theta_z=0$，太阳在天顶 $m=1$；当 $\theta_z=60°$ 时，$m=2$。太阳高度角 α

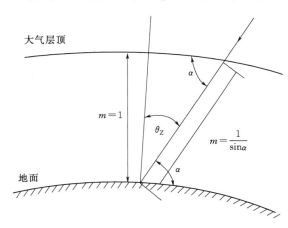

图 4.2　太阳在大气中的入射路径

越小，m 越大，地面受到的太阳辐射就越少，当 $\alpha=0°$ 时，对应于太阳落山的情形。北半球夏至日时，太阳辐射直射北回归圈地区，该天的赤纬角 δ 正好与地理纬度 φ 相等，午时太阳高度角 $\alpha=90°$ 时，$m=1$，阳光最强烈。这天北极的太阳高度角为 23.5°。尽管日照 24h，但太阳光线通过大气层的路径约为北回归线处的 2.5 倍，辐射量较小，加上冰雪的高反射率，不易吸收阳光等因素，是造成极区严寒的原因。图 4.3 给出 5 种不同大气质量的太阳辐射光谱，$m=1$、$m=4$、$m=7$、$m=10$。它们是在很洁净

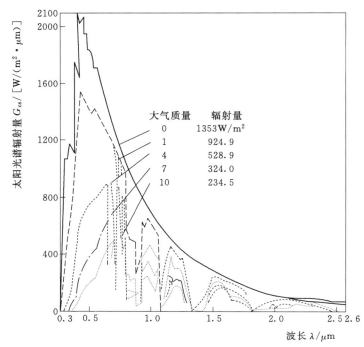

图 4.3　不同大气质量的太阳辐射光谱

的大气条件下绘制的，大气凝结水高度为 20mm，臭氧层厚度为 3.4mm。其中，$m=0$，代表大气层外的太阳辐射光谱不受大气层影响。

2. 大气层的吸收和散射

大气质量 m 只是从一个方面反映大气层对太阳辐射的影响。大气中的空气分子、水蒸气和灰尘使太阳光线的能量减小并改变其传播方向，这种衰减和变向的综合作用称为散射，还要考虑大气中氧、臭氧、水分、二氧化碳对辐射的吸收作用。图 4.4 表明，紫外线部分主要被臭氧吸收，红外线由水蒸气及二氧化碳吸收。小于 $0.29\mu m$ 的短波几乎全被大气层的臭氧吸收，在 $0.29\sim0.35\mu m$ 范围内臭氧的吸收能力降低，但在 $0.6\mu m$ 处还有一个弱吸收区。水蒸气对波长为 $1.0\mu m$、$1.4\mu m$ 和 $1.8\mu m$ 的辐射都有强吸收带。波长大于 $2.3\mu m$ 的辐射大部分被水蒸气及二氧化碳吸收，到达地面时不到大气层外辐射的 5%。考虑到大气的散射和吸收，到达地面的太阳辐射中紫外线范围占 5%（大气层外为 7%），可见光占 45%（大气层外为 47.3%），红外线占 50%（大气层外为 45.7%）。

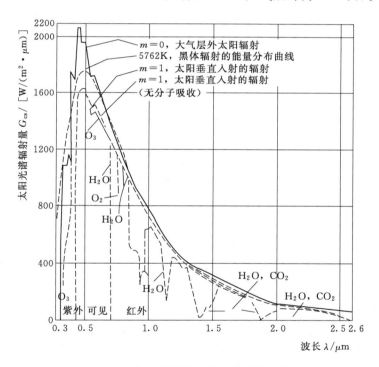

图 4.4　太阳辐射被大气层吸收的分布情况

3. 大气透明度

大气透明度 τ（或浑浊度）是另一个影响太阳辐射的主要因素。它是气象条件、海拔、大气质量、大气组成（如水汽、气溶胶含量）等因素的复杂函数。中外科学家在这方面做了许多的研究，想通过建立大气透明度的精确模型直接计算到达地面的太阳辐射量。下面介绍 Hottle（1976 年）提出标准晴空大气透明度计算模型。对于直射辐射的大气透明度 τ_b 为

$$\tau_b = a_0 + a_1 e^{-k\cos\theta_Z} \tag{4.6}$$

式中：a_0、a_1、k 为具有 23km 能见度的标准晴空大气的物理常数。

当海拔小于 2.5km 时，可首先算出相应的 a_0^*、a_1^* 和 k^* 在通过考虑气候类型的修正

系数 $r_0 = \dfrac{a_0}{a_0^*}$、$r_1 = \dfrac{a_1}{a_1^*}$ 和 $r_k = \dfrac{k}{k^*}$，最后求出 a_0、a_1^* 和 k；a_0^*、a_1^* 和 k^* 的计算公式为

$$a_0^* = 0.4237 - 0.00821(6-A)^2 \tag{4.7}$$

$$a_1^* = 0.5055 + 0.00595(6.5-A)^2 \tag{4.8}$$

$$k^* = 0.2711 + 0.01858(2.5-A)^2 \tag{4.9}$$

式中：A 为海拔高度，km。

修正系数由表 4.2 给出。

表 4.2　　　　　　　　　　　考虑气候类型的修正系数

气候类型	r_0	r_1	r_k
亚热带	0.95	0.98	1.02
中等纬度，夏天	0.97	0.99	1.02
高纬度，夏天	0.99	0.99	1.01
中等纬度，冬天	1.03	1.01	1.00

对于散射辐射，相应的大气透明度为

$$\tau_d = 0.2710 - 0.2939\tau_b \tag{4.10}$$

上述大气透明度公式是在标准晴空（23km 能见度）下考虑了大气质量（即太阳天顶角）、海拔和 4 种气候类型所建的数学模型。我国学者从大气中水汽和气溶胶含量、大气质量以及海拔等因素研究大气透明度，也取得了很好的结果。用他们的公式反演地面可能的辐照度与实测结果比较一致，由于篇幅关系，这里不做详细介绍。

4. 云的吸收和反射

云对太阳辐射有明显的吸收和反射作用，它是研究大气影响的一个综合指标。云的形状和大气质量对太阳辐射的影响见表 4.3 所示。通常把云量分为 11 级（由 0～10），按云占天空面积的百分比来区分。例如，大气质量 $m = 1.1$ 时，天空如果全部由雾占满，这时辐射量仅为晴天的 17%；如布满绢云，则为 85% 等。

表 4.3　　　　　　　辐射量在全天云与全天晴相比时的百分率　　　　　　　%

大气质量 m	绢云	绢层云	高积云	高层云	层积云	层云	乱层云	雾
1.1	85	84	52	41	35	25	15	17
1.5	84	81	51	41	34	25	17	17
2.0	84	78	50	41	38	25	19	17
2.5	83	74	49	41	33	25	21	18
3.0	82	71	47	41	32	24	25	18
3.5	81	68	46	41	31	24		18
4.0	80	65	45	41	31			18
4.5					30			19
5.0					29			19

4.3 太阳辐射量的计算

综合上面的分析可知，到达槽式聚光集热器表面的太阳辐射（辐照度或辐射量）受许多因素影响，归纳起来有以下几个方面。

（1）天文、地理因素：日地距离的变化、太阳赤纬、太阳时角、地理经纬度、海拔和气候等。

（2）大气状况：云量、大气透明度、大气组成及污染程度（灰尘粒子密度，二氧化碳和氯氟烃等的含量）。

（3）槽式聚光集热器设计：槽式聚光集热器的倾斜角和方位角、安装场地周围的辐射是否受到其他物体阻挡等。

由于影响太阳辐射量的因素太多，随机性很强，要完全依靠理论计算难于取得精确结果。目前，普遍采用如下方法：用辐射仪实测水平面上的辐射数据，常用的有月平均的日总量和小时总量两种；在大量实验统计基础上，用若干相关的气候参数整理出相关关系式，借助它们将水平面上的实测总量分解为直射和散射两部分；最后用公式计算槽式聚光集热器在任意方位上接受到的太阳辐射量。对于没有实测辐射数据的地方，一般根据邻近地区的实测值用插值法推算。

4.3.1 平均太阳辐射量的计算

水平面上月平均日的太阳辐射量为

$$\overline{H} = \overline{H}_0 \left(a + b\, \frac{n}{N} \right) \tag{4.11}$$

式中：$\overline{H}$ 为水平面上月平均日的太阳辐射量，MJ/m^2；$\overline{H}_0$ 为水平面上大气层外月平均日的辐射量，MJ/m^2；n 为月平均日的日照时数，h；N 为月平均日的最大日照时数（即昼长），h；a、b 为常数，根据各地气候和植物生长类型来确定，具体可参看文献 [115]。

各月平均日的天数可按表 2.1 求得，用式（4.3）或图 4.1 求出 $\overline{H}_0$；月平均日照时数 n 由实测获得（或参考表 4.4）；N 可按式（2.12）算出。

表 4.4　　世界部分城市月平均日照时数

地　名	纬度	高度/m	年平均值/h	月平均日照时数/h											
				1月	2月	3月	4月	5月	6月	7月	8月	9月	10月	11月	12月
香港（中国）	22°N	海平面	5.3	4.7	3.5	3.1	3.8	5.0	5.3	6.7	6.4	6.6	6.8	6.4	5.6
巴黎（法国）	48°N	50	5.1	2.1	2.8	4.9	7.4	7.1	7.6	8.0	6.8	5.6	4.5	2.3	1.6
孟买（印度）	19°N	海平面	7.4	9.0	9.3	9.0	9.1	9.3	5.0	3.1	2.5	5.4	7.7	9.7	9.6
索科托（尼日利亚）	13°N	107	8.8	9.9	9.6	8.8	8.9	8.4	9.5	7.0	6.0	7.9	9.6	10.0	9.8
伯斯（澳大利亚）	32°S	20	7.8	10.4	9.8	8.8	7.5	5.7	4.8	5.4	6.0	7.2	8.1	9.6	10.4
麦迪逊（美国）	43°N	63	7.3	4.5	5.7	6.9	7.5	9.1	10.1	9.8	10.0	8.6	7.2	4.2	3.9

4.3.2 标准晴天水平面上辐射量的计算

4.2 节已给出标准晴空大气透明度的计算模型，用它不难求出晴天时水平面上的辐照度为

$$G_{cnb} = G_{on} \tau_b \tag{4.12}$$

式中：τ_b 为晴天时直射辐射的大气透明度，可用式（4.6）～式（4.9）计算；G_{on} 为大气层外辐射方向上的太阳辐照度，可由式（4.1）计算；G_{cnb} 为晴天时水平面辐射方向上的直射辐照度。

水平面垂直方向上的直射辐照度为

$$G_{cb} = G_{on} \tau_b \cos\theta_Z \tag{4.13}$$

每小时内水平面垂直方向上直射辐射量为

$$I_{cb} = I_{on} \tau_b \cos\theta_Z = 3600 G_{cb} \tag{4.14}$$

相对应的散射辐射部分计算式为

$$G_{cd} = G_{on} \tau_d \cos\theta_Z \tag{4.15}$$

$$I_{cd} = I_{on} \tau_d \cos\theta_Z = 3600 G_{cd} \tag{4.16}$$

每小时内水平面上的总辐射量为

$$I_c = I_{cb} + I_{cd} \tag{4.17}$$

把全天各个小时的总辐射量加起来，就是晴天水平面上的总辐射量 H_c。

大气透明度无论是 τ_b 还是 τ_d，都是大气质量（$m = 1/\cos\theta_Z$）的函数，而天顶角 θ_Z 随时间不断变化。考虑到计算精度，把时段取为小时，并以该小时中点所对应的时角 ω 来计算有关的量。

运用式（4.12）～式（4.16），可算出每小时的 I_{cb} 和 I_{cd}，结合下节相关公式，可将每小时实测的射照量 I 分解为直射 I_b 和散热 I_d 两部分。这些是计算任何倾斜平面上每小时接受辐射量的基础。

按小时累计最后可求得晴天水平面上的总辐射量 H_c（或 $\overline{H}_c$）和大气层外的辐射量 H_o（或 $\overline{H}_o$）的作用相类似，也可以用它作为计算水平面上平均辐射量 H（或 $\overline{H}$）的起始数据。这就是著名的 Angstrom 回归公式，形式与式（4.11）一样，只是系数不同。

$$\frac{\overline{H}}{H_c} = a' + b' \frac{\overline{n}}{N} \tag{4.18}$$

4.3.3 晴空指数和相关关系式

衡量天气好坏指标之一是晴空指数。$\overline{K}_T$ 是月平均的晴空指数，它是水平面上月平均日辐射量与大气层外月平均日辐射量之比，即

$$\overline{K}_T = \frac{\overline{H}}{\overline{H}_o} \tag{4.19}$$

相应地，定义一天的晴空指数 K_T 是某天的日辐射量与同一天大气层外日辐射量之比，即

$$K_T = \frac{H}{H_o} \tag{4.20}$$

相应地，一小时的晴空指数 k_T 和 k_{Tc} 则分别为

$$k_T = \frac{I}{I_o} \tag{4.21}$$

$$k_{Tc} = \frac{I}{I_c} \tag{4.22}$$

式中：I 为每小时实测的辐照量；I_o 为大气层外水平面上每小时内的辐照量；I_c 为每小时内水平面上的总辐照量。

把水平面上的总辐照量分解成直射辐射和散射辐射的两个分量，在太阳能应用中具有实际意义。首先，将水平面上的辐射数据转换到倾斜平面时，要求对直射和散射辐射分别处理；其次，在聚光型聚光集热器中，散射辐射不能聚焦，只能利用其中的直射辐射。

分解方法的实质是在大量统计实验数据基础上建立散射的百分率与晴空指数之间的相关关系式。下面介绍与 4 种晴空指数相对应的 4 种相关关系式。

1. $k_T = I/I_o$ 与 I_d/I 的相关式

相关曲线如图 4.5 所示，相应的公式为

$$\frac{I_d}{I} = \begin{cases} 1.0 - 0.249 k_T & (k_T < 0.35) \\ 1.557 - 1.84 k_T & (0.35 < k_T < 0.75) \\ 0.177 & (k_T > 0.75) \end{cases} \tag{4.23}$$

2. $k_{Tc} = I/I_c$ 与 I_d/I 的相关式

相关曲线如图 4.6 所示，公式为

$$\frac{I_d}{I} = \begin{cases} 1.00 - 0.1 k_{Tc} & (0 \leqslant k_{Tc} \leqslant 0.48) \\ 1.11 + 0.0396 k_{Tc} - 0.789 (k_{Tc})^2 & (0.48 \leqslant k_{Tc} < 1.10) \\ 0.20 & (k_{Tc} \geqslant 1.10) \end{cases} \tag{4.24}$$

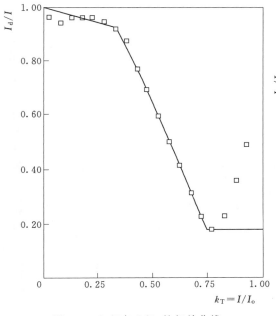

图 4.5　I_d/I 与 I/I_o 的相关曲线

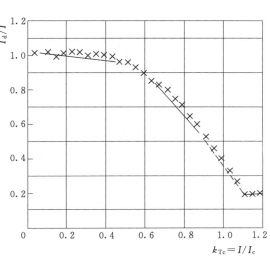

图 4.6　I_d/I 与 I/I_c 的相关曲线

3. $K_T = H/H_o$ 与 H_d/H 的相关式

相关曲线如图4.7所示，公式为

$$\frac{H_d}{H} = \begin{cases} 0.99 & (K_T \leqslant 0.17) \\ 1.188 - 2.272K_T + 9.473K_T^2 - 21.865K_T^3 + 14.648K_T^4 & (0.17 < K_T < 0.75) \\ -0.54K_T + 0.632 & (0.75 < K_T < 0.80) \\ 0.20 & (K_T \geqslant 0.80) \end{cases}$$

$$(4.25)$$

4. $\overline{K_T} = \overline{H}/\overline{H_o}$ 与 H_d/H 的相关式

相关曲线如图4.8所示，公式为

$$\frac{H_d}{H} = 0.775 + 0.00653(\omega_s - 90) - [0.505 + 0.00455(\omega_s - 90)]\cos(115\overline{K_T} - 103)$$

$$(4.26)$$

式中：ω_s 为日落时角。

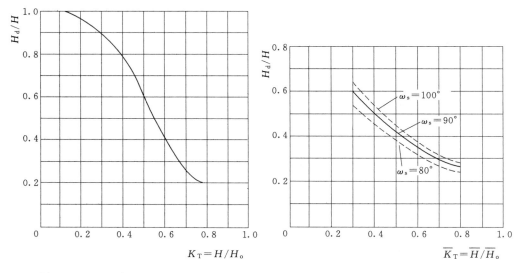

图4.7 H_d/H 与 H/H_o 的相关曲线   图4.8 H_d/H 与 $\overline{H}/\overline{H_o}$ 的相关曲线

4.3.4 由日辐射总量估算小时辐射量

假定某日是中等天气，即处于晴天和全阴之间。已知总辐射量，要准确推算每小时的辐射量并不容易，因为中等天气可由各种天气情况组成。如一天中曾出现过间歇性的浓云或者是连续的淡云，总量可以相同，但每小时的辐射量可能差别很大。下面介绍的方法是统计了许多气象站的数据，用月平均日的辐射量来推算小时辐射量，应当指出，在晴天条件下结果和实际情况比较吻合。

图4.9所示为小时水平辐射量与月平均日水平辐射量之比。与图4.9相对应的公式为

$$r_t = \frac{I}{H} = \frac{\pi}{24}(a + b\cos\omega)\frac{\cos\omega - \cos\omega_s}{\sin\omega_s - \frac{\pi\omega_s}{180}\cos\omega_s}$$

$$(4.27)$$

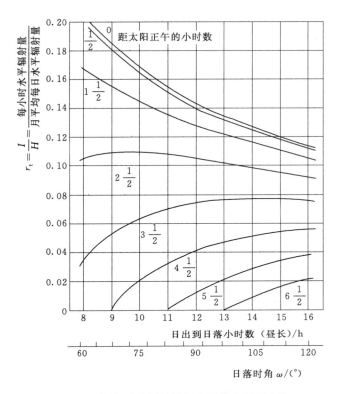

图 4.9　每小时总辐射量与全天总辐射量之比

其中
$$a = 0.409 + 0.5016\sin(\omega_s - 60)$$
$$b = 0.6609 - 0.4767\sin(\omega_s - 60)$$

式中：r_t 为 1h 总辐射与全天总辐射之比；ω 为小时中间点的时角；ω_s 为日落时角。

根据式（4.27）得出水平面上该小时的总辐射量为
$$I = Hr_t \tag{4.28}$$

图 4.10 给出一套确定 r_d 的曲线，r_d 代表小时数散射辐射与全天散射辐射之比，它和式（4.27）类似都是时间和昼长的函数。与图 4.10 相对应的公式为
$$r_d = \frac{I_d}{H_d} = \frac{\pi}{24} \frac{\cos\omega - \cos\omega_s}{\sin\omega_s - \dfrac{\pi\omega_s}{180}\cos\omega_s} \tag{4.29}$$

可根据式（4.25）求得 H_d，再根据式（4.29）求得 I_d。

该小时的直射辐射量 I_b 为
$$I_b = I - I_d \tag{4.30}$$

这是根据一天总辐射量求出每小时直射和散射辐照量的基本方法。

4.3.5　水平面辐射方向上的太阳直射辐射量

辐射方向上的太阳直射辐射量的计算公式为
$$I_{bn} = \frac{I_b}{\cos\theta_Z} \tag{4.31}$$

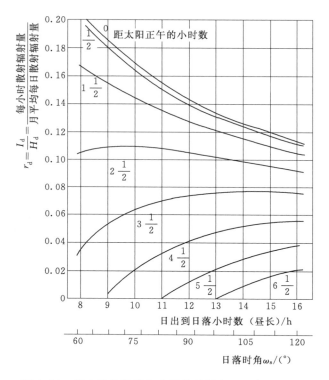

图 4.10　每小时散射量与全天散射量之比（水平面上）

4.3.6　槽式聚光集热器表面垂直方向上的太阳直射辐射量

聚光器表面垂直方向上的太阳直射辐射量的计算公式为

$$I_{\text{direct}} = I_{\text{b}} \frac{\cos\theta}{\cos\theta_{\text{Z}}} \qquad\qquad (4.32)$$

式中：θ 为聚光器表面的太阳入射角。

4.4　DSG 槽式聚光集热器及其光学特性

4.4.1　DSG 槽式太阳能聚光集热器

槽式 DSG 系统的基本原理是利用抛物线形槽式聚光器（聚光器）将太阳光聚焦到集热管上，直接加热集热管内的工质水，直至产生蒸汽推动汽轮发电机组发电。

其中，由聚光器与集热管组成的装置称为 DSG 槽式太阳能聚光集热器（简称 DSG 槽式集热器），是槽式 DSG 系统的核心部件。聚光器一般是弯曲成抛物线形的高反射率玻璃镜，如图 4.11 所示。

太阳能集热管一般由不锈钢集热管、抽真空的玻璃封管以及连接集热管用金属波纹管组成，如图 4.12 所示。

由于太阳辐射能量分散且抛物线形槽式聚光器的聚光倍数较低，因此在槽式 DSG 系统的集热场中，一般一台 DSG 槽式集热器拥有很多聚光集热器单元（图 4.13），长达几百米或上千米。这样可以使工质水能够在一条集热器管路中完成预热、蒸发（甚至过热）的过程，因此 DSG 槽式集热器具有长度长、分布广的特点。

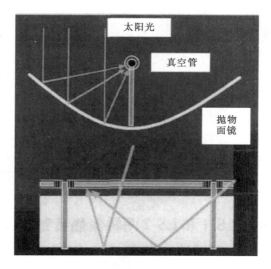

图 4.11　聚光器原理图

4.4.2　焦点上的太阳像尺寸

抛物线形槽式聚光集热器采用的是线聚焦原理，利用抛物线形聚光器将太阳光汇聚到聚光器上方焦线处的集热管上。图 4.14 和图 4.15 所示为槽式抛物面对一组平行光线的汇聚作用示意图。

阳光经聚光器聚焦后，在焦线处呈一线型光斑带。真空集热管放置在光斑带上，吸收聚焦后的阳光，加热管内的工质，因而需要确定焦点上太阳像的尺寸，从而确保吸热面的宽度大于光斑带的宽度，防止聚焦后的阳光溢出吸收范围。

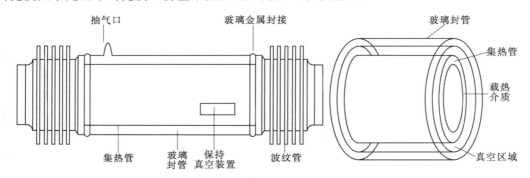

图 4.12　太阳能集热管示意图

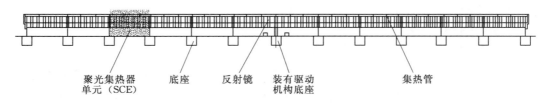

图 4.13　槽式集热器结构图

如图 4.16 所示，抛物线形反射镜的方程式为 $y^2 = 4fx$，对镜面的任何一点 (x, y)，反射到焦点上的理想太阳像的尺寸为

$$W = 2R\tan\frac{\delta}{2} = 2R\tan 16' \approx 2R\sin\frac{\delta}{2} \qquad (4.33)$$

式中：R 为镜面上的一点与焦点之间的距离，其数值随不同的反射点而不同；δ 为太阳张角，$\delta = 32'$。

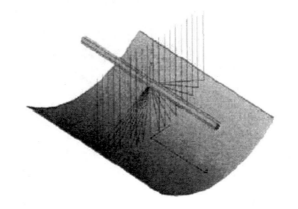

图 4.14　槽式抛物面聚光示意图

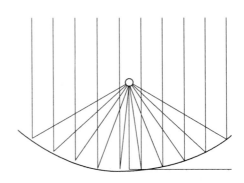

图 4.15　轴向视图

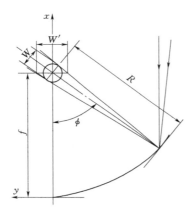

图 4.16　理想抛物面镜形成的理想太阳像

式（4.33）是用 R 表示的，在计算过程中不是很方便。由图 4.16 可知，对任意一个抛物面，有 $x = f - R\cos\phi$，$y = R\sin\phi$，则有 $R = \dfrac{2f}{1+\cos\phi}$ 并代入式（4.33）可将 R 消去，得到

$$W = \frac{4f\tan 16'}{1+\cos\phi} \tag{4.34}$$

式中：ϕ 为位置角，即任意一点的反射光轴与镜面主光轴之间的夹角，其数值由 $0 \sim \phi_{\max}$，$\phi_{\max} = \phi_{\text{rim}}$，称为抛物线的边缘角。

通过上述的分析可以看出，焦距 f 决定了太阳成像的大小，而开口宽度 B 则决定入射能量的多少。焦距越长，成像越大，在相同开口尺寸的条件下，焦斑区域的能量密度越低。

4.4.3　聚光比

聚光比是描述聚光器几何特性、决定焦斑温度的一个重要参数。它表示聚光系统提高光能密度的比例，通常可分为光学聚光比（C_o）、几何聚光比（C_G）和能量聚光比（C_E）。

1. 光学聚光比

光学聚光比（C_o）是指汇聚到集热管表面的平均能流密度与聚光器孔口的能流密度（I_a）之比，即

$$C_o = \frac{\dfrac{1}{A_r}\displaystyle\int I_r \mathrm{d}A_r}{I_a} \tag{4.35}$$

局部聚光比（Local Concentration Ratio，LCR）与光学聚光比（C_o）的概念相同，均指的是能流密度之比，不同之处在于局部聚光比指集热管表面某处的能流密度与聚光器孔口的能流密度（I_r）的比值。局部聚光比描述了集热管上的辐射聚光分布。抛物线槽式聚光集热器的局部聚光比如图 4.17 所示。图中的曲线形状是吸热器半边的局部聚光比。需要注意的是，吸热器顶部只接收来自太阳的直射辐射，从图 4.17 中可以看出，0°入射，吸热器角为 120°时，局部聚光比最大，大约为太阳的 36 倍。

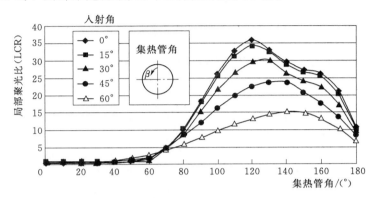

图 4.17　抛物线槽式聚光集热器的局部聚光比

2. 几何聚光比

几何聚光比（C_G）是指聚光器采光面积（A_a）与集热管面积（A_r）的比值，即

$$C_G = \frac{A_a}{A_r} > 1 \tag{4.36}$$

槽式聚光集热器的集热管为金属管，金属管的轴线与抛物面的焦线重合。假设金属管的直径为 R_a，则槽式聚光集热器的几何聚光比为

$$C_G = \frac{W_a}{\pi R_a} \tag{4.37}$$

需要说明的是，在有些文献中定义槽式聚光集热器的几何聚光比为开口宽度与集热管直径的比值，即

$$C_G = \frac{W_a}{R_a} \tag{4.38}$$

本书以式（4.37）作为几何聚光比计算式。

假设抛物面开口宽度为 W_a，抛物面高度为 h。根据抛物线方程几何性质得

$$h = \frac{W_a^2}{16f} \tag{4.39}$$

如图 4.16 所示，聚光器聚焦的阳光要想全部落在集热管上则要满足条件 $R_a \geqslant 2R\sin\frac{\delta}{2}$，从而得到集热管所必需的最小直径为

$$R_{a,\min} = 2\left[f + \frac{W_a^2}{16f}\right]\sin\frac{\delta}{2} \tag{4.40}$$

将式（4.40）代入式（4.37），则得到理想情况下槽形抛物面聚光器几何聚光比

C_G 为

$$C_G = \frac{107.3D}{\pi\left(1 + \dfrac{D^2}{16}\right)} \qquad (4.41)$$

其中

$$D = \frac{W_a}{f}$$

对于槽形抛物面镜而言，其聚光比 G_C 将随着口径比 D 的增大而增加，当 $D=4$ 时达最大值 $C_{max}=68.4$，随后便逐渐下降。

3. 能量聚光比

能量聚光比（C_E）指汇聚到集热管表面的平均太阳辐射能与聚光器孔口的太阳辐射能之比，即

$$C_E = \frac{I_R}{I} \qquad (4.42)$$

4. 槽式聚光集热器的散焦现象

如图 4.18 所示，平面 A 是与吸热器轴线垂直的平面，平面 B 是过集热管轴线与采光面垂直的平面。入射角 θ_i 在两个平面 A、B 上的投影角度分别为 α、β。

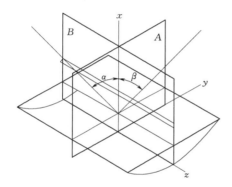

图 4.18 入射角分量示意图

对于槽式聚光集热器，若不考虑集热管的存在，当入射光线满足仅 $\alpha=0$ 时，光线汇聚点在抛物面的焦线上。而仅当 $\alpha\neq0$ 时，光线汇聚点偏离焦线，光线不再汇聚到一条线上，而是形成一个曲面，这便是槽式抛物面的散焦现象。

如图 4.19 所示，当倾斜角 α 从 0 开始增大时，汇聚到集热管上光线会逐渐减少，直到 α 角增大到某个临界角之后，不再有光线汇聚到集热管上。

下面对槽式聚光集热器的散焦现象采用文献 [28] 的分析方法进行分析。

如图 4.20 所示，假设 Q 为抛物线上的任一点，

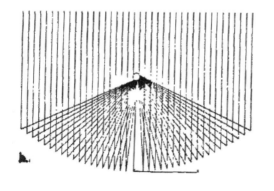

(a) $\alpha=1°$，$\beta=0$

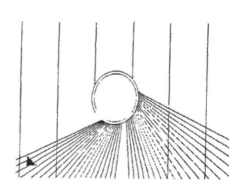

(b) $\alpha=1°$，$\beta=0$ 时局部放大图

图 4.19（一） 槽式聚光集热器的散焦现象

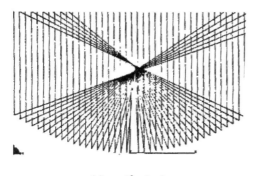

(c) $\alpha=2°$，$\beta=0$

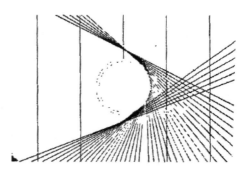

(d) $\alpha=2°$，$\beta=0$ 时局部放大图

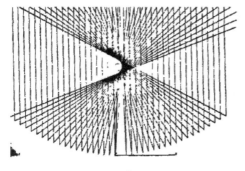

(e) $\alpha=3°$，$\beta=0$

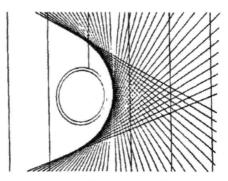

(f) $\alpha=3°$，$\beta=0$ 时局部放大图

图 4.19（二）　槽式聚光集热器的散焦现象

坐标为 $\left(y_0，\dfrac{y_0^2}{4f}\right)$。

　　RQ 是与主光轴平行的光线，其反射线 PQ 经过焦点。入射光线 SQ 与主光轴成 α 夹角，其反射线 QN 与 QP 也成 α 夹角。则反射光线与焦点的距离为

$$PN=PQ\sin\alpha \tag{4.43}$$

$$PQ=QM=f+\frac{y_0^2}{4f} \tag{4.44}$$

则

$$PN=\left(f+\frac{y_0^2}{4f}\right)\sin\alpha \tag{4.45}$$

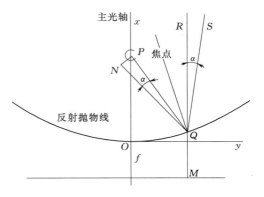

图 4.20　入射线与主光轴成 α 夹角

　　理论上槽式抛物面聚光集热器的边缘角可以在 $(0,\pi)$ 之间变化，边缘角的变化（图 4.21）对聚光集热器的几何聚光比的影响如下：

　　当边缘角 $\psi_{rim}<90°$ 时

$$(f-h)\tan(\psi_{rim})=\frac{W_a}{2} \tag{4.46}$$

　　将式（4.39）代入式（4.46）得

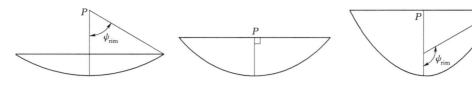

图 4.21 不同边缘角时抛物线

$$\left(f-\frac{W_a^2}{16f}\right)\tan\psi_{rim}=\frac{W_a}{2} \tag{4.47}$$

当边缘角 $\psi_{rim}=90°$ 时

$$f=\frac{W_a^2}{16f} \tag{4.48}$$

当边缘角 $\psi_{rim}>90°$ 时

$$(h-f)\tan(\pi-\psi_{rim})=\frac{W_a}{2} \tag{4.49}$$

将式 (4.39) 代入式 (4.49) 得

$$\left(\frac{W_a^2}{16f}-f\right)\tan(\pi-\psi_{rim})=\frac{W_a}{2} \tag{4.50}$$

求解式 (4.47) 和式 (4.50)，可得

$$f=\frac{W_a}{4}\cot\left(\frac{\psi_{rim}}{2}\right) \tag{4.51}$$

可以看出，边缘角 $\psi_{rim}=90°$ 时也满足式 (4.52)。

将式 (4.51) 代入式 (4.39) 可得

$$h=\frac{W_a}{4\cot\dfrac{\psi_{rim}}{2}} \tag{4.52}$$

将式 (4.51) 和式 (4.52) 代入式 (4.44) 可得

$$PQ=\frac{W_a}{4}\cot\frac{\psi_{rim}}{2}+\frac{x_0^2}{W_a\cot\dfrac{\psi_{rim}}{2}} \tag{4.53}$$

由上面推导结果看出，当开口宽度、边缘角、入射光线与光轴夹角不变时，PQ 是 x_0 的增函数。即在 $x_0=0$ 处，PQ 取最小值，即

$$PQ_{min}=\frac{W_a}{4}\cot\frac{\psi_{rim}}{2} \tag{4.54}$$

在边缘处 $x_0=\dfrac{W_a}{2}$ 时，PQ 取最大值，即

$$\begin{aligned}PQ_{max}&=\frac{W_a}{4}\cot\frac{\psi_{rim}}{2}+\frac{\left(\dfrac{W_a}{2}\right)^2}{W_a\cot\dfrac{\psi_{rim}}{2}}\\&=\frac{W_a}{4}\left(\cot\frac{\psi_{rim}}{2}+\frac{1}{\cot\dfrac{\psi_{rim}}{2}}\right)\\&=\frac{W_a}{2\sin\psi_{rim}}\end{aligned} \tag{4.55}$$

在 O 点，即 $x_0 = 0$ 处，PN 最小，最小值为

$$r_{\min} = \frac{W_a}{4} \cot \frac{\psi_{rim}}{2} \sin\alpha \tag{4.56}$$

在抛物线边缘处，PN 最大，最大值为

$$r_{\max} = \frac{W_a}{2\sin\psi_{rim}} \sin\alpha \tag{4.57}$$

当集热管半径取 $r_{\min}$ 时，刚好无一条光线汇聚到集热管上，此时的几何聚光比最大，为

$$C_{G,\max} = \frac{W_a}{2\pi r_{\min}} = \frac{1}{\pi\sin\alpha} \times 2\tan\frac{\psi_{rim}}{2} \tag{4.58}$$

也就是说，当抛物线形槽式聚光集热器的几何聚光比 $C_G > C_{G,\max}$ 时，均不会有光线到达集热管上，即满足

$$\pi C_G \cot \frac{\psi_{rim}}{2} \geqslant \frac{2}{\sin\alpha} \tag{4.59}$$

所有光线全汇聚到集热管上时，集热管的最小半径应为 $r_{\max}$，此时几何聚光比最小，即

$$C_{G,\min} = \frac{W_a}{2\pi r_{\max}} = \frac{1}{\pi\sin\alpha} \sin\psi_{rim} \tag{4.60}$$

也就说，当槽式聚光集热器的几何聚光比 $C_G \leqslant C_{G,\min}$ 时，所有的光线均会达到集热管，即满足

$$\pi C_G \csc\psi_{rim} \leqslant \frac{1}{\sin\alpha} \tag{4.61}$$

而聚光比在 $\left(\frac{1}{\pi\sin\alpha} \times 2\tan\frac{\psi_{rim}}{2}, \frac{1}{\pi\sin\alpha} \sin\psi_{rim} \right)$ 之间变化时，即 $\pi C_G \csc\psi_{rim} \geqslant \frac{1}{\sin\alpha}$ 且 $\pi C_G \cot\frac{\psi_{rim}}{2} \leqslant \frac{2}{\sin\alpha}$ 时，将有一部分的光线不能聚焦到集热管上。

在设计槽式聚光集热器时，在考虑跟踪误差、太阳形状的基础上，应使集热管的几何聚光比尽量小于最小聚光比 $C_{G,\min}$。

显然倾斜角 $\alpha < \frac{\pi}{2}$，此时 $f(\alpha) = \frac{1}{\pi\sin\alpha}$ 是单调减函数。由图 4.22 可知，α 越小，曲线越陡，说明入射光线与光轴夹角在很小值范围内的微小变化，会引起几何聚光比很明显的变化。

当 $\psi_{rim} = \frac{\pi}{2}$ 时，函数 $f(\psi_{rim}) = \sin\psi_{rim}$ 取最大值 1。当倾斜角 α 一定、边缘角为 $90°$ 时，聚光集热器的几何聚光比最大。所以对于反射面为槽式抛物面、集热器为管形的聚光集热器，$90°$ 是最佳边缘角，此时几何聚光比 $C_G = \frac{1}{\pi\sin\alpha}$。

4.4.4 光学效率

光学效率是集热管吸收的能量与入射到聚光器表面的能量之比。光学效率受到材料的

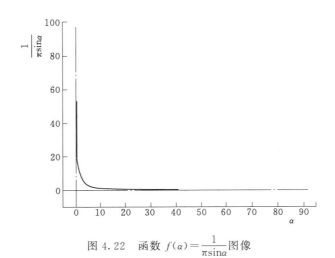

图 4.22   函数 $f(\alpha) = \dfrac{1}{\pi \sin\alpha}$ 图像

光学性能、聚光器的几何形状以及由聚光器结构缺陷等方面因素的制约。光学效率可表示为

$$\eta_{\text{opt}} = \rho \tau \alpha \gamma \tag{4.62}$$

式中：ρ 为聚光器镜面反射率；$\tau\alpha$ 为玻璃封管的透射率与集热管吸收率的乘积；γ 为集热管的光学采集因子。

集热管的光学采集因子指集热管拦截到的能量与抛物面聚光器反射的能量之比。光学采集因子的值依赖于聚光器的尺寸、抛物镜的镜面角度误差和太阳光分布情况。抛物面的误差有随机误差和非随机误差两种。随机误差是自然界的真实随机，因此用概率正态分布代表。随机误差通常通过一些显而易见的变化进行识别，这些变化包括太阳宽度、由随机倾斜误差（即由风荷载导致的抛物面的扭曲）导致的散射效应以及与反射表面相关的散射效应等。非随机误差由制造、安装或集热管运行等引起，可由聚光器形状缺陷、未对准误差和集热管位置误差等进行识别。由于聚光器形状误差和集热管位置误差本质上有相同作用，因此非随机误差可由未对准角度误差（即太阳中心的反射光线与聚光器开口平面法线的夹角）和集热管相对于聚光器焦线位置的偏移决定。具体光学采集因子的关系式可见文献 [89]。

第 5 章

DSG 槽式集热器传热与水动力
耦合稳态模型及稳态特性分析

　　DSG 槽式集热器传热与水动力耦合（HHC）稳态模型是 DSG 槽式集热器非线性分布参数动态模型的稳态形式，是求解 DSG 槽式集热器非线性分布参数动态模型的基础。国内外专家和学者在研究 DSG 槽式集热器稳态模型时，对于其传热特性和水动力特性的耦合研究较少，且计算结果与实验数据差别较大。因此本章根据 DSG 槽式集热器的传热特性和水动力特性建立精度较高的 HHC 稳态模型，并利用所建模型对 DSG 槽式集热器的稳态特性进行仿真分析。

5.1　建模方法

　　DSG 槽式集热器是复杂、庞大、昂贵的能量转换设备。对于这种设备，针对实物进行理论分析是非常复杂且困难的。因此，往往需要借助于为它建立的某种简化模型进行分析。模型是实际系统或过程在某些方面特性的一种表示形式，它能以合乎研究工作所需要的形式反映出该系统或过程的行为特性。通过对模型的研究，可以得到适用于实物的一些结论或推测，并根据这些结论或推测改进完善其性能，使其能够安全稳定地运行。

　　模型可以根据其表示方式分为物理模型和数学模型。数学模型又可以分为稳态数学模型（稳态模型）和动态数学模型（动态模型）。对系统或过程在稳定状态或平衡状态下各输入变量与输出变量之间关系的数学描述称为稳态（或静态）模型，它反映的是系统或过程的稳态（或静态）特性。描述系统或过程在不稳定状态下各种参数随时间变化的数学关系式是动态模型，它反映的是系统或过程的动态特性。

　　数学建模采用的方法主要有以下两种：

　　（1）机理分析法。根据客观事物的特性，分析其内部的机理，弄清其因果关系，再在适当的假设简化下，利用合适的数学工具得到描述事物特征的数学模型。机理分析法包括比例分析法、代数法、逻辑法、常微分方程、偏微分方程等。

（2）统计分析法。通过测量得到一串数据，再利用数理统计等知识对测量数据进行统计分析，找出与数据拟合最好的模型。统计分析法包括回归分析法、时序分析法等。

本章建立的是 DSG 槽式集热器的稳态模型。建模的目的是研究 DSG 槽式集热器内工质参数在稳态情况下沿管线分布的变化规律，为后续建立 DSG 槽式集热器动态模型打下基础。由于槽式 DSG 技术还是一个新兴技术，目前还处于实验阶段，需要了解 DSG 集热器的运行机理，因此这里采用的是机理分析法，将 DSG 集热器简化为太阳辐射、压力、温度、流量等几个参数的关系，根据 DSG 槽式集热器的传热特性和水动力特性，采用常微分方程，建立 DSG 槽式集热器的 HHC 稳态模型，并利用本章所建模型对 DSG 槽式集热器的稳态特性进行仿真分析。

5.2 物理模型

DSG 槽式集热器的工作过程是太阳辐射能经聚光器反射后，穿过集热管的玻璃封管和真空区投射在金属管管壁外表面上，再通过金属管管壁向内传递。工质（水、水蒸气或两相流）从集热管的一端进入，在金属管内流动并与管壁发生对流换热，随之，其热力参数不断地发生变化。其简化的物理模型如图 5.1 所示。

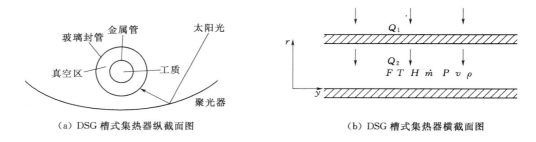

（a）DSG 槽式集热器纵截面图　　　　　　（b）DSG 槽式集热器横截面图

图 5.1　DSG 槽式集热器物理模型

F—管内截面积；T—工质温度；H—工质比焓；$\dot{m}$—工质流量；P—工质压力；v—工质流速；ρ—工质密度；

Q_1、Q_2—分别是单位时间、单位管长，太阳辐射向管壁金属、管壁金属向管内工质的放热量；

y—管长方向；r—管壁径向

为了便于建模并使其适用于非线性分布参数动态模型，特作如下假定：

（1）金属管内径及壁厚沿管长均匀不变。

（2）金属管内工质在各横断面上的流速、温度等参数均采用其"横断面平均值"表示。

（3）忽略金属管壁的周向温差（即忽略金属管壁在外侧非均匀受热后的周向传热过程），并假定金属管外太阳辐射对管壁金属以及金属管壁对管内工质均只有径向传热且沿管周向均匀分布。

（4）忽略 DSG 槽式集热器的局部压降。

5.3 传热与水动力耦合稳态模型

5.3.1 金属管管壁外侧的能量方程

DSG 槽式集热器运行时，太阳辐射能经聚光器的反射，穿过集热管的玻璃封管，投射到集热管的金属管外壁面上。在该过程中，存在光学损失和热力学损失。

首先，聚光器所收集的太阳辐射能 Q_1 为

$$Q_1 = I_{direct} B \eta_{opt} K_{\tau\alpha} \tag{5.1}$$

式中：I_{direct} 为聚光器开口面上的直射辐射强度；B 为聚光器开口宽度；η_{opt} 为 DSG 槽式集热器光学效率；$K_{\tau\alpha}$ 为入射角修正系数。

入射角修正系数 $K_{\tau\alpha}$ 是入射光线与聚光器法线的夹角为 θ 时的槽式集热器光学效率 $\eta_{opt,\theta}$ 与 $\theta = 0$ 时的槽式集热器光学效率 $\eta_{opt,\theta=0}$ 的比值，即

$$K_{\tau\alpha} = \frac{\eta_{opt,\theta}}{\eta_{opt,\theta=0}}$$

对于特定的槽式集热器，其 $K_{\tau\alpha}$ 实际上是与 θ 相关的一个关系式，通常是在对集热器进行测试后，计算出对应于不同 θ 的一系列 $K_{\tau\alpha}$ 实测数据，然后通过拟合得到。下面给出 4 个常用 DSG 槽式集热器的入射角修正系数关系式。

对于 LS-2 型 DSG 槽式集热器，其 $K_{\tau\alpha}$ 为

$$K_{\tau\alpha} = \cos\theta + 0.000994\theta - 0.00005369\theta^2 \tag{5.2}$$

式中：θ 为入射光线到聚光器法线的夹角。

对于 25m 的 LS-3 型 DSG 槽式集热器和 50m 的 LS-3 型 DSG 槽式集热器，其 $K_{\tau\alpha}$ 分别为

$$K_{\tau\alpha(25m)} = 1 - 0.00362\theta - 1.32337 \times 10^{-4}\theta^2 \tag{5.3}$$

$$K_{\tau\alpha(50m)} = 1 - 0.00188\theta - 1.49206 \times 10^{-4}\theta^2 \tag{5.4}$$

对于 ET-100 型 DSG 槽式集热器，其 $K_{\tau\alpha}$ 为

$$K_{\tau\alpha} = \cos\theta + 5.251 \times 10^{-4}\theta - 2.8596 \times 10^{-5}\theta^2 \tag{5.5}$$

其次，由能量平衡可知，在单位时间内，单位管长金属管传递的太阳辐射热能 Q_2 为

$$Q_2 = Q_1 - q_1 \pi D_{ab,o} \tag{5.6}$$

式中：q_1 为 DSG 槽式集热器的热力学损失。

5.3.2 金属管内传热和水动力模型

（1）质量守恒方程。

$$\frac{d\dot{m}}{dy} = 0 \tag{5.7}$$

式中：$\dot{m}$ 为金属管内工质流量；y 为沿管长方向长度。

（2）能量守恒方程。

$$Q_2 = \frac{d(\dot{m}H)}{dy} \tag{5.8}$$

式中：H 为金属管内工质比焓。

（3）动量守恒方程。工质在 DSG 槽式集热器中的沿程压降主要由加速压降、重力压降和摩擦压降三部分组成。而对于水平放置的 DSG 槽式集热器，压降主要为摩擦压降，加速压降和重力压降可以忽略不计。

$$\frac{\mathrm{d}P}{\mathrm{d}y} + P_\mathrm{d} = 0 \tag{5.9}$$

式中：P_d 为单位管长的摩擦压降。

（4）管内传热方程。单位时间、单位长度金属管管壁向管内工质的放热量 Q_2 可表示为

$$Q_2 = h\pi D_{\mathrm{ab,i}}(T_\mathrm{j} - T) \tag{5.10}$$

式中：h 为工质侧传热系数；$D_{\mathrm{ab,i}}$ 为金属管内径；T_j 为金属管壁温；T 为金属管内工质温度。

（5）工质物性参数方程。对于单相工质，工质的密度、温度、动力黏度、比热容、导热系数、普朗特数等参数均可由工质比焓和工质压力计算得到。

对于两相工质，其质量含汽率 x 可表示为

$$x = \frac{H - H'}{r} \tag{5.11}$$

式中：r 为汽化潜热；H' 为当前压力下饱和水比焓。

两相工质的平均密度 ρ 可表示为

$$\frac{1}{\rho} = \frac{1}{\rho'} + x\left(\frac{1}{\rho''} - \frac{1}{\rho'}\right) \tag{5.12}$$

式中：ρ'、ρ'' 分别为当前压力下饱和水、饱和蒸汽的密度。

5.3.3 传热系数的确定

1. 单相流情况

在 DSG 槽式集热器的热水区和干蒸汽区中，工质分别为水和过热蒸汽，均为单相流体。热水区和干蒸汽区的传热系数可用 Dittus-Boelter 关系式表示，即

$$h = 0.023(Re)^{0.8}(Pr)^{0.4}\frac{\lambda}{D_{\mathrm{ab,i}}} \tag{5.13}$$

式中：Re 为金属管内工质的雷诺数；Pr 为金属管内工质的普朗特数；λ 为导热系数。

雷诺数由下式计算得到

$$Re = \frac{vD_{\mathrm{ab,i}}}{\nu} = \frac{vD_{\mathrm{ab,i}}\rho}{\eta} \tag{5.14}$$

式中：ν、η、v 为金属管内工质的运动黏度、动力黏度和流速。

普朗特数 Pr 由下式计算得到

$$Pr = \frac{c_\mathrm{p}\eta}{\lambda} \tag{5.15}$$

式中：c_p 为定压比热。

金属管内工质的流速 v 由式（5.16）计算得到

$$v = \frac{\dot{m}}{\rho F} = \frac{4\dot{m}}{\rho\pi D_{ab,i}^2} \tag{5.16}$$

在密度一定（或变化不大）时，整理式（5.13）～式（5.16），可得

$$h \approx K_2 \dot{m}^n \approx K_2 \dot{m}^{0.8} \tag{5.17}$$

其中

$$K_2 = \frac{0.023 \times 4^{0.8} c_p^{0.4} \lambda^{0.6}}{\pi^{0.8} D_{ab,i}^{1.8} \eta^{0.4}}$$

2. 两相流情况

对于 DSG 槽式集热器两相区的传热系数，需用 Fr 数来确定金属管内工质的流态。$Fr < 0.04$ 时为层流，$Fr > 0.04$ 时为环流。Ajona 等研究发现对于 DSG 槽式集热器来说，如果管内工质流态为层流，管周温差会达到 50K 以上；而如果管内工质流态为环流，则管周温差仅为 3K 左右。管周方向的温度梯度过大会导致集热管弯曲、玻璃封管破裂等问题，从而增加热损。因此在设计集热器参数时，要尽量保证管内工质流态为环流。也就是说通常情况下要保证 $Fr > 0.04$，因此本书选用环流时的传热系数，即

$$h = h_B' + h_1' \tag{5.18}$$

$$h_B' = h_B S \tag{5.19}$$

$$h_1' = h_1 F \tag{5.20}$$

式中：h_B 为水的核态沸腾传热系数；h_1 为饱和水传热系数；S、F 分别为限制因子和增强因子。

Stephan（1992）给出了水的核态沸腾传热系数 h_B 的经验公式，即

$$h_B = 3800 \times \left[\frac{q}{20000} \right]^n F_p \tag{5.21}$$

其中

$$q = \frac{Q_2}{\pi D_{ab,i}} \tag{5.22}$$

$$n = 0.9 - 0.3(P_n)^{0.15} \tag{5.23}$$

$$F_p = 2.55(P_n)^{0.27} \left(9 + \frac{1}{1 - P_n^2} \right) P_n^2 \tag{5.24}$$

$$P_n = \frac{P}{P_{cr}} \tag{5.25}$$

式中：q 为热流密度；P 为工作压力；P_{cr} 是水的临界压力。

由 Dittus – Boelter 关系式得饱和水传热系数 h_1 为

$$h_1 = 0.023(Re_1)^{0.8}(Pr_1)^{0.4} \frac{\lambda_1}{D_{ab,i}} \tag{5.26}$$

其中，下标 l 表示饱和水。

限制因子 S 和增强因子 F 分别由下式决定

$$S = \frac{1}{1 + 1.15 \times 10^{-6}(F)^2(Re)^{1.17}} \tag{5.27}$$

$$F = 1 + 2.4 \times 10^4(B_o)^{1.16} + 1.37(X_{tt})^{-0.86} \tag{5.28}$$

$$X_{tt} = \left(\frac{\rho_g}{\rho_1} \right)^{0.5} \left(\frac{\eta_1}{\eta_g} \right)^{0.1} \left(\frac{1-x}{x} \right)^{0.9} \tag{5.29}$$

$$Re = \frac{G(1-x)D_{ab,i}}{\eta} \tag{5.30}$$

$$G = \frac{4\dot{m}}{\pi D_{ab,i}^2} \tag{5.31}$$

$$B_o = \frac{q}{G_r} \tag{5.32}$$

其中，下标 g 表示饱和蒸汽。

5.3.4 热力学损失的确定

根据 Odeh 对槽式集热器热力学热损的描述，可得到 DSG 槽式集热器的热力学损失 q_1 为

$$q_1 = (a + cv_{wind})(T_j - T_a) + \varepsilon_{ab}b(T_j^4 - T_{sky}^4) \tag{5.33}$$

式中：v_{wind} 为风速；T_a 为环境温度（干球温度）；ε_{ab} 为集热管发射率；T_{sky} 为天空温度；a、b、c 分别是对流、辐射和风速因子。

根据 Dudley 测得的涂有金属陶瓷选择性吸收涂层的金属管，在温度为 373～900K 时其发射率 ε_{ab} 可由下式确定

$$\varepsilon_{ab} = 0.00042T_j - 0.0995 \tag{5.34}$$

天空温度 T_{sky} 按下式确定

$$T_{sky} = \varepsilon_{sky}^{0.25} T_a \tag{5.35}$$

$$\varepsilon_{sky} = 0.711 + 0.56\left(\frac{t_{dp}}{100}\right) + 0.73\left(\frac{t_{dp}}{100}\right)^2 \tag{5.36}$$

式中：ε_{sky} 为天空发射率；t_{dp} 为环境露点温度。

根据对 DSG 槽式集热器的运行分析知，对于管径 $D_{ab,i}/D_{ab,o}$ 为 54/70mm 的集热管，其对流、辐射和风速因子分别可取为：$a = 1.91 \times 10^{-2}\text{WK}^{-1}\text{m}^{-2}$；$b = 2.02 \times 10^{-9}\text{WK}^{-4}\text{m}^{-2}$；$c = 6.608 \times 10^{-3}\text{JK}^{-1}\text{m}^{-3}$。

5.3.5 摩擦压降的确定

对于 DSG 槽式集热器中的单相流动，摩擦压降采用达西公式，即

$$(P_d)_{1ph} = \frac{\lambda_f}{D_{ab,i}} \frac{\rho v^2}{2} \tag{5.37}$$

式中：λ_f 为摩擦系数；v 为金属管内工质流速。

摩擦系数 λ_f 可以用 Blasius 的光滑管计算式计算，即

$$\lambda_f = 0.3165(Re)^{-0.25} \tag{5.38}$$

式中：Re 为金属管内单相工质的雷诺数。

对于两相流摩擦压降，有很多理论、经验或半经验公式可以应用，这些不同的压降公式的准确性依赖于运行条件（压力、温度等）、管径、管子的倾斜度以及工质性质。因此不能用单一公式准确描述所有流态的压降。目前大多文献中讨论的两相流摩擦压降公式多是依据低压汽-水实验得到的，因此这些压降公式并不能适用于 DSG 槽式集热器中的高压汽（水蒸气）-水两相流情况。

目前，对于 DSG 槽式集热器中的汽水两相流动情况，各国学者大多采用的是 Martinelli 和 Nelson 给出的水平管强制循环沸腾水压降公式，即

$$(P_d)_{2ph} = (P_d)_{1ph} \varphi \tag{5.39}$$

式中：$(P_d)_{1ph}$ 为假设管内汽水混合物全部为水时的摩擦压降；φ 为 Martinelli-Nelson 两相乘子，是相对于蒸汽压力和质量含汽率 x 的关系式，具体可见文献［40］中图 3.5 以及文献［25］的表 2.2。

Odeh 和崔映红分别给出了 DSG 槽式集热器 100bar（1bar＝10^5Pa）和 40bar 压力下的 Martinelli-Nelson 两相乘子 φ 的表达式，即

$P＝100\text{bar}$ 时
$$\varphi = -585.8x^6 + 1567.6x^5 - 1608x^4 + 781.4x^3$$
$$- 185.4x^2 + 37.5x + 0.98 \tag{5.40}$$

$P＝40\text{bar}$ 时
$$\varphi = -22.18x^6 + 0.1571x^5 + 76x^4 - 85.36x^3$$
$$+ 26.54x^2 + 30.69x + 0.8889 \tag{5.41}$$

式中：x 为质量含汽率。

5.4 传热与水动力耦合稳态模型的求解

上述式（5.1）～式（5.41）即为 DSG 槽式集热器的 HHC 稳态模型。在求解该模型时，首先将 DSG 槽式集热器平均分为 N 段，以每一管段的出口参数代替该管段的总平均参数，如图 5.2 所示。从 DSG 槽式集热器入口开始，逐一对每一管段应用上述 HHC 稳态模型，并在每次计算结束时，利用计算得到的出口工质压力 P 和比焓 H 判断该管段工质的流动状态。具体求解流程如图 5.3（a）所示。

针对某一管段 i，在利用上述 HHC 稳态模型计算其出口工质参数时，由于考虑了 DSG 槽式集热器的沿程压降，因此，本书首先利用管段 $i-1$ 的出口摩擦系数、工质密度、工质流速等参数计

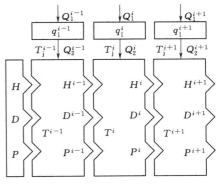

图 5.2 DSG 集热器空间离散化

算管段 i 的出口工质压力 $P^{i(i-1)}$，而后在压力 $P^{i(i-1)}$ 下计算管段 i 出口处工质的其他参数（如比焓、温度、密度、传热系数、流速、摩擦系数等），再利用所得计算结果重新计算管段 i 的出口工质压力 $P^{i(i)}$，直到 $|P^{i(i)} - P^{i(i-1)}| < \delta_P$。

在某一压力下计算管段 i 出口工质参数时，首先假设热损 $q_1 = 0$，即令单位时间内，单位管长金属管传递的太阳辐射热能 Q_2 等于聚光器所收集的太阳辐射能 Q_1，将 Q_2 代入 HHC 稳态模型计算该管段出口工质参数、热损 q_1' 以及相应的 Q_2'，迭代计算，直至 $|Q_2' - Q_2| < \delta_Q$，求得管段 i 的出口参数。具体求解流程如图 5.3（b）所示。

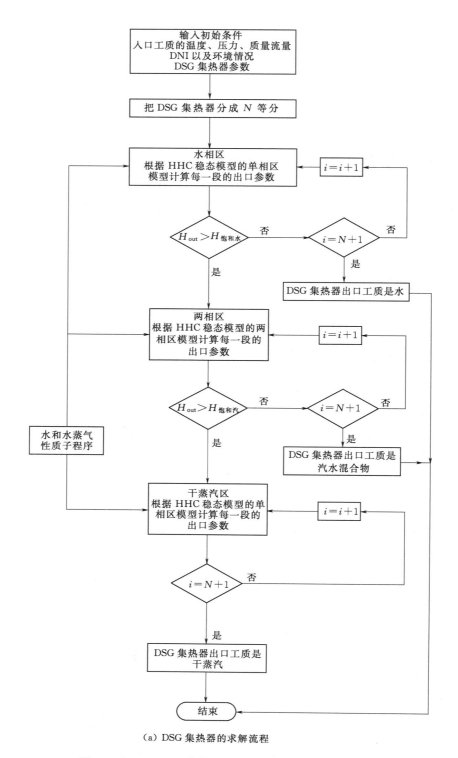

（a）DSG 集热器的求解流程

图 5.3（一）　DSG 集热器 HHC 稳态模型的求解流程图

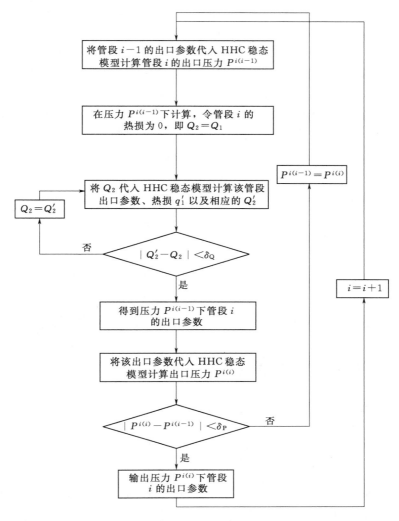

（b）DSG 集热器某一管段的求解流程

图 5.3（二）　DSG 集热器 HHC 稳态模型的求解流程图

5.5　传热与水动力耦合稳态模型的验证

本书采用文献［98］的实验数据来验证上述模型的正确性，并与文献［22］、文献［23］的计算结果进行比较。

文献［98］中采用的类 LS‑3 型集热器，管长 600m，聚光器开口宽度 5.47m，金属管内外径为 54/70mm，金属管导热系数为 54Wm^{-1}K^{-1}，光学效率为 73.3%。集热管入口工质温度为 210℃，入口工质压力为 10MPa，入口工质流量为 0.95kg/s，太阳直射辐射强度（I_{direct}）为 1000W/m^2。表 5.1 给出了文献［98］的实验结果与文献［22］、文献［23］的计算结果以及本章模型数值计算结果的对比情况。

从表 5.1 可见，本章模型计算得到的出口工质温度和出口工质压力与实验结果十分接近，误差分别为 1.91% 和 0.20%，明显优于文献 [22] 和文献 [23] 的计算结果。由于水蒸气的热扩散率比水大的多，加之干蒸汽区管内对流换热系数较小，因此干蒸汽区长度是影响出口工质温度的主要因素。本章模型计算得到的干蒸汽区长度与实验结果仅相差 0.1m，误差仅为 0.07%，大大低于文献 [22] 的 6.5% 以及文献 [23] 的 6.9% 的误差，这是本章模型计算结果比较精确的原因之一。本章模型计算结果的最大误差出现在热水区长度计算中，但也仅为 3.20%，因此认为本章模型是正确的，而且具有较高的计算精准度。

表 5.1 数值计算结果与文献实验结果比较

计算参数	文献 [98] 实验结果	文献 [22] 计算结果	文献 [22] 与实验结果误差/%	文献 [23] 计算结果	文献 [23] 与实验结果误差/%	本书计算结果	本书结果与实验结果误差/%
出口工质温度/℃	450.0	470.4	5.0	435.3	3.27	458.59	1.91
出口工质压力/MPa	9.82	9.79	0.3	9.8	0.20	9.84	0.20
热水区长度/m	132.0	125.4	5.0	130.8	0.9	127.77	3.20
两相区长度/m	330.0	327.6	0.7	340.8	3.3	334.13	1.25
干蒸汽区长度/m	138.0	147.0	6.5	128.4	6.9	138.1	0.07

5.6 DSG 槽式集热器的稳态特性分析

在稳态特性分析中，同样采用文献 [98] 的实验数据，依次改变 I_{direct}、工质流量、入口工质温度和工质压力，并保持其他参数相同，分析 DSG 槽式集热器的稳态特性。

5.6.1 太阳直射辐射强度

聚光器开口面上的太阳直射辐射强度 I_{direct} 从 0 至 1000W/m² 变化，DSG 槽式集热器出口工质温度和工质压力的变化如图 5.4 所示。热水区、两相区以及干蒸汽区分别占 DSG 槽式集热器管长比例随直射辐射强度的变化如图 5.5 所示。

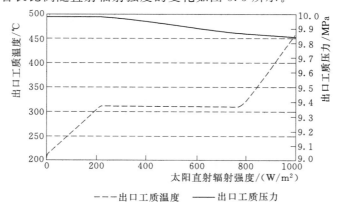

图 5.4 DSG 槽式集热器出口工质温度和
工质压力随太阳直射辐射强度变化曲线

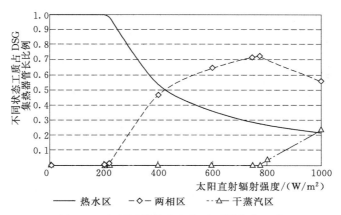

图 5.5　直射辐射强度变化时不同状态工质
占 DSG 槽式集热器管长比例

由图 5.4 可知，太阳直射辐射强度逐渐增强时，DSG 槽式集热器出口工质的状态逐渐由热水变为两相流、饱和蒸汽，直到过热蒸汽；出口工质压力会随太阳直射辐射强度的增强而降低，其中太阳直射辐射强度约为 200～800W/m² 时，即 DSG 槽式集热器出口为两相流时出口工质压力下降得较明显。

由图 5.5 可知，在太阳直射辐射强度不断增强时，DSG 槽式集热器中的热水区长度开始为 1.0，当直射辐射强度到达某一阈值（这里约为 200W/m²）后热水区长度逐渐减少；两相区长度开始为 0，当热水区开始减少时两相区开始增加，当太阳直射辐射强度到达另一阈值（这里约为 770W/m²）后两相区逐渐减少，而此时干蒸汽区长度开始由 0 逐渐变大。

图 5.4 和图 5.5 可为电站设计提供参考。在实际工程设计时，应保证电站正常运行时 DSG 集热器出口工质处于干蒸汽区，并留有一定阈度。

5.6.2　工质流量

工质流量从 0.7～5.0kg/s 变化，DSG 槽式集热器出口工质温度和工质压力的变化如图 5.6 所示；热水区、两相区以及干蒸汽区分别占 DSG 槽式集热器管长比例随工质流量的变化如图 5.7 所示。

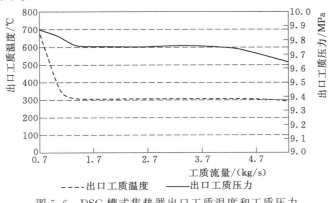

图 5.6　DSG 槽式集热器出口工质温度和工质压力
随工质流量变化曲线

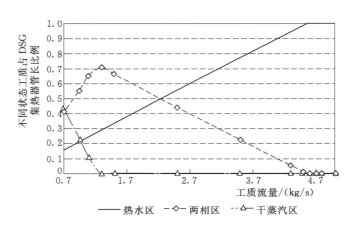

图 5.7　工质流量变化时不同状态工质
占 DSG 槽式集热器管长比例

从图 5.6 可知，工质流量从 0.7～5.0kg/s 变化时，DSG 槽式集热器出口工质温度和工质压力都是在工质流量较小时下降得比较快，此时 DSG 槽式集热器出口为过热蒸汽。而工质流量在 1.3～4.5kg/s 之间时，DSG 槽式集热器出口工质温度和工质压力都趋于稳定且呈现略微升高再降低的趋势，此时 DSG 槽式集热器出口为汽水混合物。当工质流量大于 4.5kg/s 时，DSG 槽式集热器出口工质温度和工质压力再次降低，此时 DSG 槽式集热器出口为热水。

由图 5.7 可知，在工质流量不断增加时，干蒸汽区长度不断减小，并在工质流量到达某一阈值（这里约为 1.3kg/s）后干蒸汽区长度变为 0；在工质流量不断增加时，两相区长度先增大，在干蒸汽区长度变为 0 后两相区长度逐渐减小，并在工质流量到达另一阈值（这里约为 4.6kg/s）时两相区长度变为 0；在工质流量不断增加时，DSG 槽式集热器中的热水区长度不断增加，并在两相区长度为 0 时，热水区长度达到 1，即整个 DSG 槽式集热器中均为热水。

图 5.6 和图 5.7 表明，为了保证 DSG 槽式集热器正常运行时出口工质为干蒸汽，且出口工质温度在合理范围内，工质流量需要设定在一定范围内，而且工质流量的可选范围比较小。在本书数据条件下，工质流量的可选范围大致为 0.9～1.3kg/s。

5.6.3　入口工质温度

DSG 槽式集热器入口工质温度从 150～250℃ 变化，其出口工质温度和工质压力的变化如图 5.8 所示。热水区、两相区以及干蒸汽区分别占其管长比例随入口工质温度的变化如图 5.9 所示。

从图 5.8 可知，入口工质温度从 150～250℃ 变化时，DSG 槽式集热器出口工质温度呈近似线性上升趋势，且变化明显；而出口工质压力呈微弱下降趋势。

由图 5.9 可知，在入口工质温度不断增加时，DSG 槽式集热器中的热水区长度逐渐减小；两相区长度几乎不变，只是在入口工质温度增加到 230℃ 以上时呈微弱减少趋势；而干蒸汽区呈不断上升趋势。

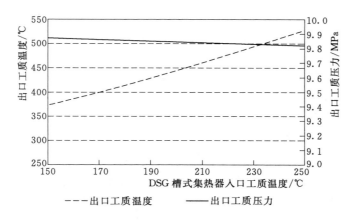

图 5.8　DSG 槽式集热器出口工质温度和工质压力
随入口工质温度变化曲线

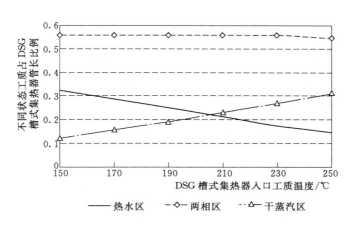

图 5.9　入口工质温度变化时不同状态工质
占 DSG 槽式集热器管长比例

图 5.8 和图 5.9 表明，入口工质温度对出口工质温度影响明显，但在较大范围内，都能满足 DSG 槽式集热器出口为干蒸汽的设计要求。

5.6.4　入口工质压力

DSG 槽式集热器入口工质压力从 3～10MPa 变化，其出口工质温度和工质压力的变化如图 5.10 所示。热水区、两相区以及干蒸汽区分别占其管长比例随入口工质压力的变化如图 5.11 所示。

从图 5.10 可知，入口工质压力从 3～10MPa 变化时，DSG 槽式集热器出口工质温度和出口工质压力均呈近似线性上升趋势。

由图 5.11 可知，在入口工质压力不断增加时，DSG 槽式集热器中的热水区长度和干蒸汽区长度均逐渐增大，但热水区长度增大的幅度更多；而两相区长度随入口工质压力的增加而不断减小。图 5.10 和图 5.11 表明，入口工质压力对出口工质温度和压力的影响都比较明显，但在较大范围内，都能满足 DSG 槽式集热器出口为干蒸汽的设计要求。

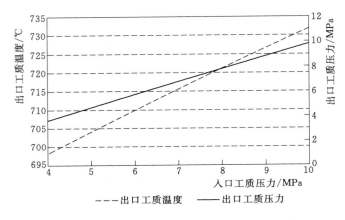

图 5.10　DSG 槽式集热器出口工质温度和工质
压力随入口工质压力变化曲线

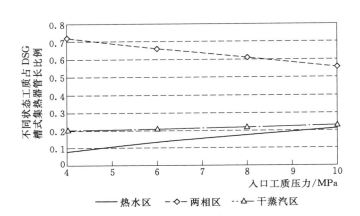

图 5.11　入口工质压力变化时不同状态工质
占 DSG 槽式集热器管长比例

第6章 DSG 槽式集热器非线性分布参数动态模型及动态特性分析

动态系统的建模与仿真是工业过程设计与运行的重要工具。准确建立 DSG 槽式集热器的动态数学模型，深入了解 DSG 槽式集热器的动态特性，对研究整个槽式 DSG 系统的动态特性至关重要，是设计和优化电站控制系统的基础。本章针对目前 DSG 槽式集热器动态模型还不完善的现状，在 DSG 槽式集热器 HHC 稳态模型的基础上，建立能充分体现其特点的非线性分布参数动态模型，并对其动态特性进行分析，为研究槽式 DSG 系统集热场模型打下基础。

6.1 动态建模方法及形式

动态模型就是用来描述系统或过程在不稳定状态下各种参数随时间变化的数学关系式。理论上，动态模型参数的最终稳态值应该与稳态模型所决定的完全一样，两种模型在形式上也趋于一致。但实际上，在进行动态模型的建模时，会对其进行更多的模型简化，以使动态模型不至于太过复杂。从某种意思上说，稳态模型是动态模型的极限和基础。

1. 建模的目的

建立动态模型，通常有以下几个目的：

（1）判断系统或过程动态特性的优劣，即检查它会不会对运行及控制带来特殊困难；是否具备有效的控制手段及足够的控制裕度；分析改变热工对象结构参数对动态特性的影响，从而提出从结构设计上改善动态特性的根本途径。

（2）设计合理的控制系统，并选择合适的系统工作参数或状态。

（3）建立仿真系统或过程，用以培训运行操作人员和进行仿真研究。这种仿真系统或过程除了可以模拟正常运行工况以外，还能模仿事故及启停等全过程。

2. 动态模型的分类方法

动态模型的分类方法很多，根据模型的来源可以分为以下几种：

（1）理论解析模型，也称为机理性模型，是根据基本的科学定律，从系统内部工作过程的机理出发，为系统或过程建立的数学模型。理论解析模型具有严密的科学依据，可用于多种工作条件，其定性结论比较合理，但其精度一般不很高。

（2）经验归纳模型，也称为经验性模型，是不考虑系统或过程的工作机理，完全根据现场试验得到的对象在各种输入扰动下的动态响应数据，应用系统辨识与参数估计或者人工智能而建立的数学模型，所采用的方法称为经验归纳法或黑箱法。经验归纳模型精度较高，但只适用于已经建成并投入运行的设备或系统，并只限于某一具体对象，现场试验的费用和工作量较大。

（3）混合模型，即通过理论分析，确定函数关系，再通过试验或实际测得的数据确定有关参数，用理论解析和经验归纳相结合的方法建立的数学模型。这种模型兼顾了理论解析模型和经验归纳模型的优点，既提高了模型的精度，又具有一定的适用范围。

3．动态模型的分类

按照模型的基本要素、变量、参数、数学关系、逻辑陈述及数据等性质的不同可将动态模型分为以下几种：

（1）确定性模型与随机模型。确定性模型是输入与输出变量之间有完整确定的函数关系，没有随机性因素；而随机模型是指在数学描述中存在随机因素，不知道该变量的精确值，仅知道该变量取某个值的概率或取值范围。热工过程各参数变化范围较大，多为随机模型。

（2）连续变量模型与离散变量模型。连续变量模型中的变量相对时间来说是连续的，连续变量模型一般用微分方程描述。离散变量模型中的变量相对于时间来说是离散的，离散模型一般用差分方程描述。

（3）线性模型与非线性模型。用线性函数表示的数学模型为线性模型；用非线性函数表示的数学模型为非线性模型。热工过程的动态模型一般都是非线性模型，但在一定条件下（如小扰动时），可以将非线性模型线性化，得到线性模型。

（4）集总参数模型与分布参数模型。集总参数模型是指模型中的参数沿空间均匀分布，各个参数仅是时间的函数，与空间无关。分布参数模型指模型中的参数既是时间的函数，还是空间的函数。实际热工对象的动态模型是典型的分布参数模型，分布参数模型要比集总参数模型复杂，求解也困难。

4．建模的步骤

建模一般包含以下 4 个步骤：

（1）明确建模目的。目的不同，建立的模型形式也有所不同。本章建模的目的是研究 DSG 槽式集热器输入输出参数在动态过程中的变化规律，为后续建立槽式 DSG 系统模型打下基础，为设计槽式 DSG 系统的主控系统提供支持。因此将 DSG 槽式集热器简化为太阳辐射、压力、温度、流量等几个输入和输出参数的关系。由于全世界只有一座商业运行的槽式 DSG 电站，国内第一座关于 DSG 槽式集热器的试验台还在建设当中，我们需要了解 DSG 槽式集热器的运行机理，因此这里建立的是理论解析模型。由于太阳辐射能量分散且抛物线形槽式聚光器的聚光倍数较低，因此槽式 DSG 系统中 DSG 槽式集热器的长度一般有上千米长。太阳辐射在这么长、这么大的范围内很有可能是不均匀的，而且太阳辐射本身又具有高度不确定性，因此本书选择建立了能表达局部太阳辐射变化的较为复杂的分布参数模型。

（2）考虑利用模型求解动态响应的可能性。在建模之前，应当对模型的复杂性和能否实现实时运算有充分了解，必须估计到以后利用模型求解动态响应的可能性。由（1）所述，分布参数模型更适合 DSG 槽式集热器的建模，但分布参数模型比集总参数模型复杂得多，计算量也大得多，因此分布参数模型无法满足实时运算。针对这一点，本书在设计控制方案时采用了多模型切换的控制思想，将整个非线性工作空间划分为若干子空间，每个子空间采用一个较精确的固定模型描述，针对这些子模型分别设计相应的控制器；并设计一个切换器，用以选择与对象最为适配模型相对应控制器的输出作为系统实际控制量，从而解决了上述问题。

（3）分解系统和建立物理模型。在建立动态模型时，要按照介质性质或过程特点将建模对象划分为若干个环节。划分的环节越细，模型就越接近于真实，模型也就越复杂。本书根据水工质相态变化的特点，将 DSG 槽式集热器分为热水、两相流和过热蒸汽等 3 个环节。

（4）建立方程式。动态模型所包括的方程式主要是针对一个简化的物理模型，根据质量守恒、能量守恒、动量守恒等定律列出的基本方程式和传热方程式、工质的热力学状态参数方程式以及各种状态变量之间的代数关系式。建立方程式一般分通道、分环节地进行。对于每一个通道或者环节所列出的方程式都必须是线性不相关的，也没有相互矛盾的，同时要检查位置变量的数目是否与方程式的数目相等。通过上述步骤所建立的只是初步的数学模型，对这个模型还需做各种化简、变换、整理等数学处理（即二次建模）后才能作为编制计算程序的依据，在计算机上求解出输入变量扰动下输出变量的动态响应。

综上所述，本章采用非线性分布参数方法对 DSG 槽式集热器进行建模，文中根据能量守恒、质量守恒、动量守恒等定律以及传递方程、状态方程等，从 DSG 槽式集热器的具体结构和工作机理出发，建立理论解析模型；并采用经验归纳法确定传热系数、热阻系数、摩擦压降等参数，从而建立了 DSG 槽式集热器非线性分布参数模型。

6.2　DSG 槽式集热器动态模型

本书将 DSG 槽式集热器简化为单层结构的受热管，并作出一系列假设，以方便建立数学模型。DSG 槽式集热器的物理模型及建模假设参见 5.2 节。

6.2.1　金属管管壁外侧的能量方程

DSG 槽式集热器运行时，太阳辐射能经过聚光器的反射，穿过集热管的玻璃封管，投射到集热管的金属管外壁面上。在该过程中，存在光学损失和热力学损失。因此，由能量平衡可知，在单位时间内，单位管长金属管外侧接收的太阳辐射热能 $Q_{2,\text{out}}$ 为

$$Q_{2,\text{out}} = I_{\text{direct}} B \eta_{\text{opt}} K_{\tau\alpha} - q_1 \pi D_{\text{ab},\text{o}} \qquad (6.1)$$

式中：I_{direct} 为太阳直射辐射强度；B 为聚光器开口宽度；η_{opt} 为 DSG 槽式集热器光学效率；$K_{\tau\alpha}$ 为入射角修正系数，针对不同的 DSG 槽式集热器选用不同的入射角修正系数关系式，具体见式（5.2）～式（5.5）；q_1 为 DSG 槽式集热器热力学损失。

6.2.2　金属管管壁金属的热平衡方程

根据 5.2 节"假定（3）"，可以列出单位长度管壁金属的热平衡方程，即

$$Q_{2,\text{out}} - Q_{2,\text{in}} = m_j c_j \frac{\partial T_j}{\partial \tau} \tag{6.2}$$

式中：$Q_{2,\text{in}}$ 为单位时间内，单位管长管壁金属向管内工质的放热量；m_j 为单位长度管段的金属质量；c_j 为金属比热；T_j 为金属管壁温度；τ 为时间。

6.2.3　金属管内传热传质模型

（1）质量守恒方程。

$$\frac{\partial \dot{m}}{\partial y} + F \frac{\partial \rho}{\partial \tau} = 0 \tag{6.3}$$

式中：$\dot{m}$ 为金属管内工质流量；F 为金属管内截面积；ρ 为金属管内工质密度；y 为沿管长方向长度。

（2）能量守恒方程。

$$Q_{2,\text{in}} = \dot{m} \frac{\partial H}{\partial y} + F \rho \frac{\partial H}{\partial \tau} - F \frac{\partial P}{\partial \tau} \tag{6.4}$$

式中：H 为金属管内工质比焓；P 为金属管内工质压力。

这里假设金属管内流体的动能和位能变化相对很小，忽略不计。

（3）动量守恒方程。由于管内压力扰动的传播比能量的传播变化要快得多，因此这里只考虑稳态的动量方程。一般来说，工质在 DSG 槽式集热器中的沿程压降主要由加速压降、重力压降和摩擦压降三部分组成。而对于水平放置的 DSG 槽式集热器，压降主要为摩擦压降，加速压降和重力压降可以忽略不计。

$$\frac{\partial P}{\partial y} + P_d = 0 \tag{6.5}$$

式中：P_d 为单位管长的摩擦压降。

（4）管内放热方程。单位时间、单位长度金属管管壁向管内工质的放热量 $Q_{2,\text{in}}$ 可表示为

$$Q_{2,\text{in}} = h \pi D_{ab,i} (T_j - T) \tag{6.6}$$

式中：h 为工质侧传热系数；$D_{ab,i}$ 为金属管内径；T 为金属管内工质温度。

（5）工质物性参数方程。对于单相工质，工质的密度、温度、动力黏度、比热容、导热系数、普朗特数等参数可由工质比焓和工质压力计算得到。

对于两相工质，其质量含气率 x 可表示为

$$x = \frac{H - H'}{r} \tag{6.7}$$

式中：r 为汽化潜热；H' 为当前压力下饱和水的比焓。

两相工质的平均密度 ρ 可表示为

$$\frac{1}{\rho} = \frac{1}{\rho'} + x \left(\frac{1}{\rho''} - \frac{1}{\rho'} \right) \tag{6.8}$$

式中：ρ'、ρ'' 分别为当前压力下饱和水、饱和蒸汽的密度。

6.3 二次建模

为了便于计算，选取压力 P 和比焓 H 作为状态变量，对控制方程进行形式上的变换。

由质量守恒方程式（6.3）和能量守恒方程式（6.4）联立，并考虑 $\rho=\rho(P,H)$，可得

$$\frac{\partial P}{\partial \tau}=\frac{-\dfrac{\partial \rho}{\partial H}\left(Q_{2,\text{in}}-\dot{m}\dfrac{\partial H}{\partial y}\right)-\rho\dfrac{\partial \dot{m}}{\partial y}}{F\left(\dfrac{\partial \rho}{\partial H}+\rho\dfrac{\partial \rho}{\partial P}\right)} \tag{6.9}$$

$$\frac{\partial H}{\partial \tau}=\frac{\dfrac{\partial \rho}{\partial P}\left(Q_{2,\text{in}}-\dot{m}\dfrac{\partial H}{\partial y}\right)-\dfrac{\partial \dot{m}}{\partial y}}{F\left(\dfrac{\partial \rho}{\partial H}+\rho\dfrac{\partial \rho}{\partial P}\right)} \tag{6.10}$$

由动量守恒方程式（6.5）以及摩擦压降式（5.37）～式（5.41）可得

$$\dot{m}=\left(-\frac{\partial P}{\partial y}\frac{\pi^{1.75}D_{\text{ab},i}^{4.75}\rho}{\varphi\times 2^{2.5}\times 0.3165\eta^{0.25}}\right)^{\frac{1}{1.75}} \tag{6.11}$$

当集热管内为单相工质时，ρ、η 分别是单相工质的密度和动力黏度，并且取 Martinelli - Nelson 两相乘子 $\varphi=1$；当集热管内是两相工质时，ρ、η 分别取假设工质全部为水时的密度和动力黏度；Martinelli - Nelson 两相乘子 φ 由式（5.41）决定。

上述式（6.9）～式（6.11）以及式（6.1）、式（6.2）、式（6.6）～式（6.8）、式（5.2）～式（5.5）、式（5.13）～式（5.36）、式（5.40）、式（5.41）即构成了 DSG 槽式集热器非线性分布参数模型的基本方程组。利用该模型即可求解 DSG 槽式集热器的动态特性。

6.4 动态模型求解

从 6.3 节可以看出，本章所建的 DSG 槽式集热器非线性分布参数模型是由一组偏微分方程和代数方程组成的。

6.4.1 分布参数模型的解法

偏微分方程组的求解要比常微分方程求解困难很多。目前常用的方法是差分法、近似解析法和线上求解法等。

1. 差分法

DSG 槽式集热器的分布参数动态模型方程的求解属于一阶线性变系数双曲型偏微分方程的初值问题。双曲型偏微分方程数值解法可用差分法。差分法是将微分方程在时间和空间上离散成为某种形式的差分格式，将微分方程转化为一组代数方程，然后利用已经给出的初值条件和边界条件逐排求解，将系统中任意时刻、任意空间位置上的值全部计算出来。

应用差分法求解，要注意时间步长和空间步长的选择。隐式差分格式是恒稳的。但显

式差分格式，时间步长和空间步长之间要满足一定的比例关系才能得到稳定解。一般来说，时间步长和空间步长取得比较小，得到的解精度会比较高，但这样也会使迭代时间增长，计算工作量会大大增加。

迎风差分格式是差分格式中比较常用的一种。其基本思想是，将微分方程中关于空间的导数用偏在特征线方向一侧的差商来代替。迎风格式根据流场的特征速度方向来确定差分取向，在物理上符合扰动波传播规律，因此在工程计算中应用得比较多。

2. 近似解析法

近似解析法是将动态模型方程在时间及空间坐标上离散化为许多微元，在一个二元的微小区间内假设各项系数为常数，将偏微分方程组做一定的简化，然后经过拉普拉斯变换和拉普拉斯反变换得到热力参数的解析解。

近似解析法由于已经得到了工质参数的解，因此其稳定性较好。根据求解时的假定，近似解析解适应于二元的微小区间，对于整个时间和空间范围内，其中的各系数均要变化，因此计算比较复杂，适应于求解稳定性差的微分方程。

3. 线上求解法

线上求解法也称连续时间-离散空间法，是一种适合于绝大多数分布参数系统动态数值仿真的数值方法。它将偏微分方程中的空间变量进行离散化，而时间变量仍保持连续，从而将原来的偏微分方程组转化为一组常微分方程，可以用求解常微分方程的数值解法进行求解。

线上求解法主要由以下两步完成：

（1）空间离散化，利用有限差分、有限元或者有限体积法对空间导数进行近似。

（2）对空间上离散、时间上连续的半离散化方程进行时间积分。

与差分法相比，线上求解法具有较高的准确性和较好的稳定性。

6.4.2　模型离散化

对于该模型的求解，本书采用了基于迎风差分格式的线上求解法。

针对本书中 DSG 槽式集热器模型的基本方程组，将 DSG 槽式集热器沿长度方向分为 N 段，根据式（6.9）～式（6.11）有

$$\left(\frac{\partial P}{\partial \tau}\right)_i = \frac{-\left(\frac{\partial \rho}{\partial H}\right)_0 \left(Q_{2,\text{in}}^i - \dot{m}^i \frac{H^{i+1}-H^i}{\Delta y}\right) - \rho^i \frac{\dot{m}^{i+1}-\dot{m}^i}{\Delta y}}{F\left[\left(\frac{\partial \rho}{\partial H}\right)_0 + \rho^i \left(\frac{\partial \rho}{\partial P}\right)_0\right]} \tag{6.12}$$

$$\left(\frac{\partial H}{\partial \tau}\right)_i = \frac{\left(\frac{\partial \rho}{\partial P}\right)_0 \left(Q_{2,\text{in}}^{i-1} - \dot{m}^{i-1} \frac{H^i-H^{i-1}}{\Delta y}\right) - \frac{\dot{m}^i-\dot{m}^{i-1}}{\Delta y}}{F\left[\left(\frac{\partial \rho}{\partial H}\right)_0 + \rho^{i-1} \left(\frac{\partial \rho}{\partial P}\right)_0\right]} \tag{6.13}$$

$$\dot{m} = \left(-\frac{P^i-P^{i-1}}{\Delta y} \frac{\pi^{1.75} D_{\text{ab},i}^{4.75} \rho^i}{\varphi^i \times 2^{2.5} \times 0.3165 (\eta^i)^{0.25}}\right)^{\frac{1}{1.75}} \tag{6.14}$$

其中，$i=1,2,3,\cdots,N,N+1$；Δy 表示 DSG 槽式集热器平均分为 N 段后，每小段管子的长度，即长度步长；下标 '0' 表示括号内变量近似地取工况变动前的初始稳态值。

6.4.3　初始条件和边界条件

初始条件根据第 5 章稳态仿真计算得到。根据槽式 DSG 系统的特点，本章选用入口工质温度、工质流量和出口工质压力作为边界条件：即 $T = T_{in}$，$\dot{m} = \dot{m}_{in}$，$P = P_{out}$。

6.5　单相 DSG 槽式集热器动态特性分析

在进行下述动态特性分析时采用澳大利亚新南威尔士大学实验数据作为研究对象，为了要模拟单相 DSG 槽式集热器的动态特性，将集热管管长选为 110m。做动态特性分析时，除要分析的参数外，其他参数保持不变。根据槽式 DSG 系统的特点，选择太阳直射辐射强度变化、给水流量变化和给水温度变化等三种扰动，利用所建模型对系统主要参数在各扰动工况下的动态响应进行仿真计算分析。由于选取的计算步长较小，计算工作量较大，所以本节只给出 1000s 内的动态响应结果。

6.5.1　太阳直射辐射强度扰动情况

1. 全管长范围太阳直射辐射强度阶跃降低 70% 和 5%

太阳直射辐射强度在整个 DSG 槽式集热器范围内分别阶跃降低 70% 和 5%，DSG 槽式集热器出口工质温度、出口工质流量以及入口工质压力的响应如图 6.1 所示。

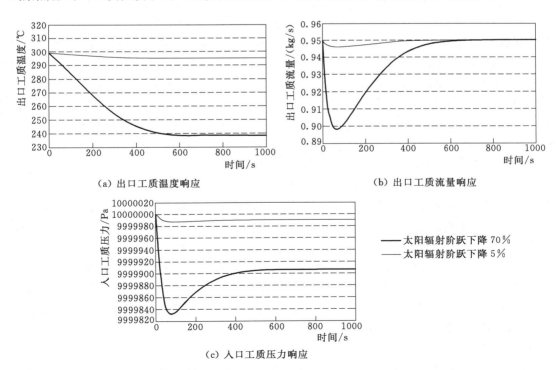

（a）出口工质温度响应　　　　（b）出口工质流量响应

（c）入口工质压力响应

图 6.1　太阳辐射阶跃降低时集热器主要参数动态响应

图 6.1 （a） 所示为出口工质温度响应曲线。当太阳直射辐射强度阶跃降低时，集热器出口工质温度下降。太阳直射辐射强度降低 70％时出口工质温度降低的幅度要比太阳直射辐射强度降低 5％时大得多。太阳直射辐射强度降低 70％时，出口工质温度在 700s 左右再次逐渐达到稳定，温度约为 238℃；而太阳直射辐射强度降低 5％时，出口工质温度在 500s 左右即再次逐渐达到稳定，温度约为 295℃。

图 6.1 （b） 所示为出口工质流量响应曲线。当太阳直射辐射强度阶跃降低时，集热器出口工质流量先下降后上升，最终达到稳定状态。这是因为太阳直射辐射强度的降低，导致集热管内工质温度下降，并致工质的容积下降，从而导致短时间内集热器出口工质流量的降低。在这一时段内，入口进水流量不变，出口工质流量减少，使多余的工质积存在集热器内，导致集热器内部总工质质量增加、压力增大，从而导致内部至出口的沿程压降增大，出口工质流量增大。随着时间推移，出口工质流量逐渐达到稳定状态。由于太阳直射辐射强度降低 70％的扰动幅度比太阳直射辐射强度降低 5％的扰动幅度大得多，因此出口工质流量的变化也是太阳直射辐射强度降低 70％时更剧烈。太阳直射辐射强度降低 70％时，出口工质流量在 70s 左右达到最小值 0.898kg/s，而后流量增加，逐渐达到初始值 0.95kg/s；太阳直射辐射强度降低 5％时，出口工质流量也在 70s 左右达到最小值，其最小值为 0.946kg/s，而后流量增加，逐渐达到初始值 0.95kg/s。

图 6.1 （c） 所示为入口工质压力响应曲线。当太阳直射辐射强度阶跃降低时，集热器入口工质压力先下降后上升，最终达到新的稳定值。这是因为太阳直射辐射强度的降低，导致集热管内工质温度下降，并致工质的容积下降，从而导致了入口工质压力的下降。一段时间内，入口进水流量不变，出口工质流量减少，使多余的工质积存在集热器内，导致集热器内部总工质质量增加，入口工质压力增大，并逐渐达到新的稳态值。同样，太阳直射辐射强度降低 70％时入口工质压力的变化幅度要比太阳直射辐射强度降低 5％时大得多。太阳直射辐射强度降低 70％时，入口工质压力在 80s 左右达到最小值，而后压力上升，在 700s 左右达到新的稳定值 9.999906MPa；太阳直射辐射强度降低 5％时，入口工质压力在 100s 左右达到最小值，而后压力上升，在 500s 左右达到新的稳定值 9.999990MPa。

2. 局部管长范围太阳直射辐射强度阶跃降低 70％

分析局部管长范围太阳直射辐射强度扰动时，假设 DSG 槽式集热器第 10～70m 管段受到遮挡，该管段直射辐射强度阶跃降低 70％（假设此为条件 a）。将此条件下 DSG 槽式集热器出口处工质温度、工质流量以及入口处压力的响应与全部管长范围太阳直射辐射强度阶跃降低 70％（假设此为条件 b）时的对应值进行比较，如图 6.2 所示。

图 6.2 （a） 是出口工质温度响应曲线。与条件 b 相比，条件 a 时，集热器出口工质温度动态响应线型与条件 b 时的出口工质温度动态响应线型基本一致，但幅值比条件 b 时小，且有一个明显的延时。这里的延时与 DSG 槽式集热器哪段管长受到直射辐射强度扰动有关，当直射辐射强度扰动发生在 DSG 槽式集热器的末端时，是没有延时的；而直射辐射强度扰动发生的位置越靠前，延时就越长。

图 6.2 （b） 和图 6.2 （c） 所示分别是出口工质流量响应曲线和入口工质压力响应曲线。条件 a 时的动态响应线型与条件 b 时的动态响应线型基本一致，但幅值比条件 b 时小。

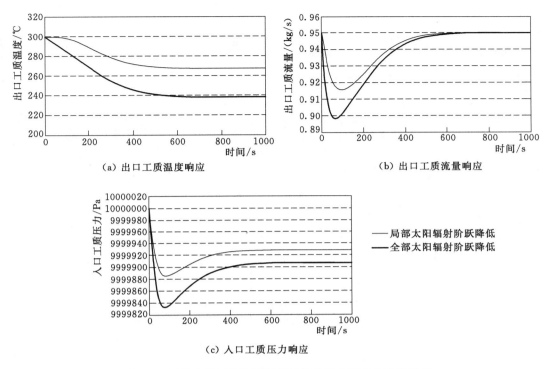

（a）出口工质温度响应

（b）出口工质流量响应

（c）入口工质压力响应

——局部太阳辐射阶跃降低
——全部太阳辐射阶跃降低

图 6.2　局部太阳辐射阶跃降低时集热器主要参数动态响应

6.5.2　给水流量扰动情况

DSG 槽式集热器给水流量阶跃降低 5%，其出口工质温度、工质流量以及入口工质压力响应如图 6.3 所示。图 6.3（a）所示为出口工质温度响应曲线。出口工质温度从 299℃逐渐增加，并在 303℃左右达到稳定。给水流量减小时，由于太阳直射辐射强度不变，出口工质温度持续上升，并最终达到稳定值。图 6.3（b）所示为出口工质流量响应曲线。出口工质流量响应在开始 100s 内下降得很快，100s 后流量变化减缓，逐渐与给水流量达到新的平衡。图 6.3（c）所示为入口工质压力响应曲线。入口工质压力响应曲线的趋势与出口工质流量响应曲线相同。这是因为给水流量突然减小，导致 DSG 槽式集热器内工质容积减小，入口工质压力也相应降低。

6.5.3　给水温度扰动情况

DSG 槽式集热器给水温度阶跃降低 5%，其出口工质温度、工质流量以及入口压力响应如图 6.4 所示。图 6.4（a）所示为出口工质温度响应曲线。出口工质温度响应有 100s 左右的延迟，而后温度有微小上升，在 120s 左右达到最大值 299.28℃，之后出口工质温度下降，直到系统达到新的稳定。图 6.4（b）所示为出口工质流量响应曲线。出口工质流量逐渐降低，在 200s 左右达到最小值 0.9281kg/s，之后出口工质流量持续上升，直至达到新的平衡。图 6.4（c）所示为入口工质压力响应曲线。入口工质压力响应几乎无滞后，在开始 100s 内迅速下降，在 130s 左右达到最小值，而后入口工质压力逐渐上升，直

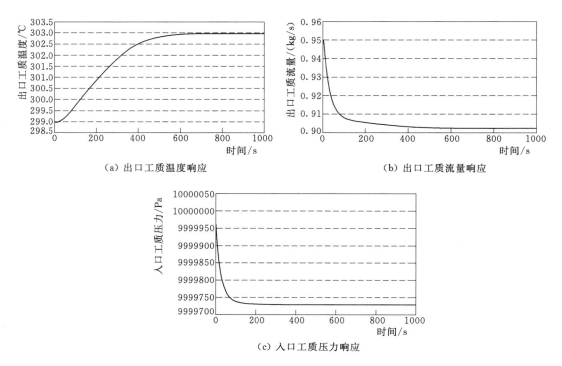

（a）出口工质温度响应　　　　　　　（b）出口工质流量响应

（c）入口工质压力响应

图 6.3　给水流量阶跃降低时集热器主要参数动态响应

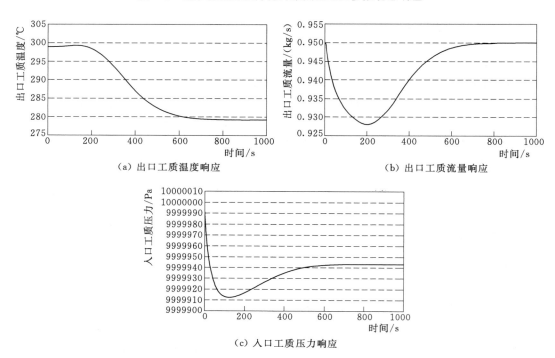

（a）出口工质温度响应　　　　　　　（b）出口工质流量响应

（c）入口工质压力响应

图 6.4　给水温度阶跃降低时集热器主要参数动态响应

至达到新的平衡。给水温度阶跃下降，与局部管长范围太阳直射辐射强度阶跃下降有类似的效果，因此各参数的动态变化趋势也与局部管长范围太阳直射辐射强度阶跃下降时类似。

6.6　出口两相 DSG 槽式集热器动态特性分析

在进行出口两相 DSG 槽式集热器动态特性分析时同样采用文献［98］的实验数据。为了要模拟出口两相的 DSG 槽式集热器的动态特性，将集热器管长选为 400m。做动态特性分析时，除要分析的参数外，其他参数保持不变。本书选用入口工质温度、工质流量和出口工质压力作为边界条件。根据槽式 DSG 系统的特点，选择直射辐射强度变化、给水流量变化和给水温度变化等 3 种扰动，对系统主要参数在各扰动工况下的动态响应进行计算分析。由于选取的计算步长较小，计算工作量较大，所以本节只给出 1000s 内的动态响应结果。

6.6.1　太阳直射辐射强度扰动情况

1. 太阳直射辐射强度阶跃降低 70%

太阳直射辐射强度在整个 DSG 槽式集热器范围内阶跃降低 70%，DSG 槽式集热器出口工质温度响应如图 6.5（a）所示，出口工质质量含汽率响应如图 6.5（b）所示，出口工质流量响应如图 6.5（c）所示，入口工质压力响应如图 6.5（d）所示，DSG 槽式集热器内热水区和两相区的长度随时间变化如图 6.5（e）所示。

由图 6.5（a）可知，在约 825s 之前，DSG 槽式集热器出口工质温度一直保持在 310.37℃不变，其状态为不饱和蒸汽；在约 825s 之后，DSG 槽式集热器出口工质温度持续下降，其状态为热水。出口工质温度在约 1300s 之后下降得逐渐平缓，并趋于稳定。

由图 6.5（b）可知，在 0～825s，DSG 槽式集热器出口工质的质量含汽率一直呈下降趋势，并在约 150s 之前下降得较为迅速，而 150～825s 之间变化得较为缓慢；在约 825s 之后，出口工质质量含汽率变为 0。

由图 6.5（c）可知，DSG 槽式集热器出口工质流量在初始阶段小幅下降，而后持续增大，并在 270s 左右达到最大值 1.566kg/s，在 270s 之后，出口工质流量逐渐下降，并逐步稳定。这是因为太阳辐射强度的突然降低，导致集热器内工质容积减少，集热器内压力下降，从集热器内到集热器出口的压降减小，从而导致短时间内出口工质流量下降。压力的持续下降，导致集热器内工质膨胀，出口工质流量上升，随时间推移，逐渐达到稳定状态。

由图 6.5（d）可知，DSG 槽式集热器入口工质压力随时间逐渐下降，并最终达到新的稳态值。

由图 6.5（e）可知，DSG 槽式集热器内热水区长度随时间逐渐增加，在 825s 左右热水布满整个 DSG 槽式集热器；DSG 槽式集热器内两相区随时间的变化与热水区相反，在 825s 左右 DSG 槽式集热器内两相区变为 0。

2. 太阳直射辐射强度阶跃降低 5%

直射辐射强度在整个 DSG 槽式集热器范围内阶跃降低 5%，DSG 槽式集热器出口工

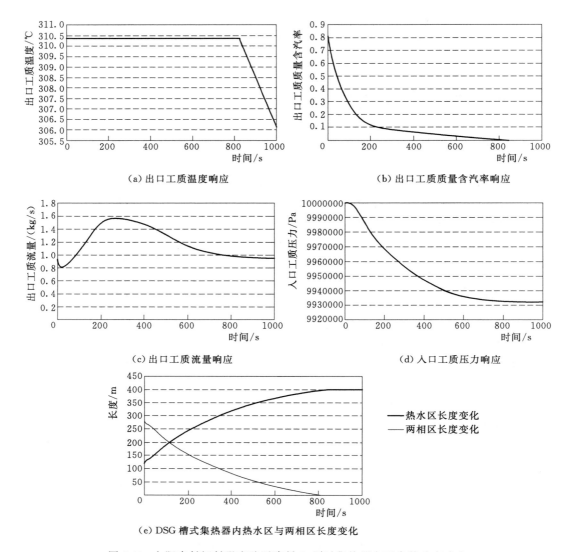

（a）出口工质温度响应

（b）出口工质质量含汽率响应

（c）出口工质流量响应

（d）入口工质压力响应

—— 热水区长度变化
—— 两相区长度变化

（e）DSG 槽式集热器内热水区与两相区长度变化

图 6.5　太阳直射辐射强度阶跃降低 70％时集热器主要参数动态响应

质温度响应如图 6.6（a）所示，出口工质质量含汽率响应如图 6.6（b）所示，出口工质流量响应如图 6.6（c）所示，入口工质压力响应如图 6.6（d）所示。DSG 槽式集热器内热水区和两相区的长度随时间变化如图 6.6（e）所示。

由图 6.6（a）可知，在计算时间内，DSG 槽式集热器出口工质温度一直保持在 310.37℃不变，其状态为不饱和蒸汽。

由图 6.6（b）可知，在 0～228s，DSG 槽式集热器出口工质的质量含汽率下降得较快；在约 228～277s，出口工质质量含汽率变化很少；在约 277s，出口工质质量含汽率再次出现明显下降，但下降速度较 228s 之前缓慢很多；在约 550s 降至最低值，而后上升，逐渐达到新的稳定值。

由图 6.6（c）可知，DSG 槽式集热器出口工质流量在初始阶段小幅下降，而后持续

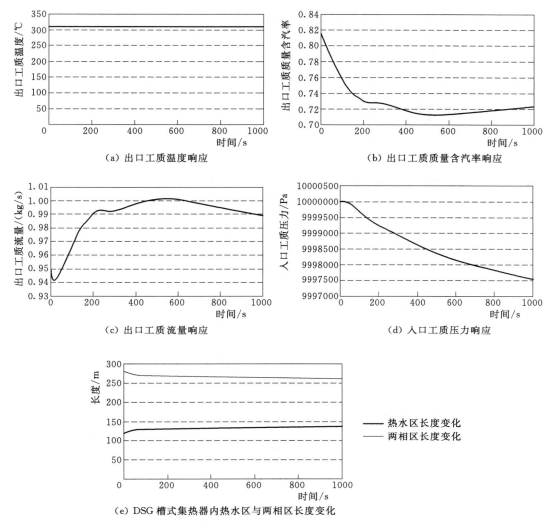

（a）出口工质温度响应

（b）出口工质质量含汽率响应

（c）出口工质流量响应

（d）入口工质压力响应

（e）DSG 槽式集热器内热水区与两相区长度变化

图 6.6　太阳直射辐射强度阶跃降低 5%时集热器主要参数动态响应

增大，并在约 228～277s，出口工质流量变化很少；在约 550s，出口工质流量再次上升至最大值 1.001kg/s，在约 550s 之后，出口工质流量逐渐下降，并逐步达到稳定。DSG 槽式集热器出口工质流量响应曲线与出口工质质量含气率响应曲线反向相似。

太阳直射辐射强度下降 5%后，DSG 槽式集热器出口工质质量含汽率下降，集热器内工质容积微弱变小，集热器入口工质压力微弱下降，集热器管路沿线压力下降，沿程压降下降，从而导致短时间内出口工质流量微弱下降。管路沿线压力下降导致集热器内工质膨胀，出口工质流量上升，出口工质质量含汽率下降。在一段时间后，工质膨胀导致出口工质流量上升的影响与管路沿线压降下降导致出口工质流量下降的影响相当时，出口工质流量与出口工质质量含汽率在短时间内保持不变。但由于太阳直射辐射强度的减小，导致沿程压力的继续下降，工质膨胀导致出口工质流量上升的影响占主导地位，导致出口工质流量的再次上升和出口工质质量含汽率的再次下降。随着时间推移，集热器出口工质流量、集热器出口工质质量含汽率等都逐渐达到新的稳定状态。

由图 6.6（d）可知，DSG 槽式集热器入口工质压力随时间逐渐下降，并最终达到新的稳态值。

由图 6.6（e）可知，DSG 槽式集热器内热水区长度随时间逐渐增加，两相区长度随时间逐渐减小，两个相态的长度变化趋势相反。

3. 局部管长范围太阳直射辐射强度阶跃降低 70%

分析局部管长范围直射辐射强度扰动时，考虑两种情况：情况一为假设 DSG 槽式集热器第 10~70m 管段（即初始条件下处于热水区的一段管段）受到遮挡，该管段太阳直射辐射强度阶跃降低 70%（假设此为条件 c）；情况二为假设 DSG 槽式集热器 200~260m 管段（即初始条件下处于两相区的一段管段）受到遮挡，该管段太阳直射辐射强度阶跃降低 70%（假设此为条件 d）。

此两条件下 DSG 槽式集热器出口工质温度、质量含汽率、工质流量以及入口工质压力的响应与全部管长范围直射辐射强度阶跃降低 70%（假设此为条件 e）时的对应值进行比较，如图 6.7 所示。

由图 6.7（a）可知，与条件 e 相比，在条件 c 和条件 d 情况下的计算时间内，DSG 槽式集热器出口工质温度一直保持在 310.37℃ 不变，其状态为不饱和蒸汽。

由图 6.7（b）可知，在条件 c 情况时，DSG 槽式集热器出口工质质量含汽率约延迟 100s 响应，而后在 100~202s，出口工质质量含汽率微弱上升；在约 202~750s，出口工质质量含汽率出现明显下降，并在 750s 左右降至最小值 0.5652；而后再次上升并逐渐达

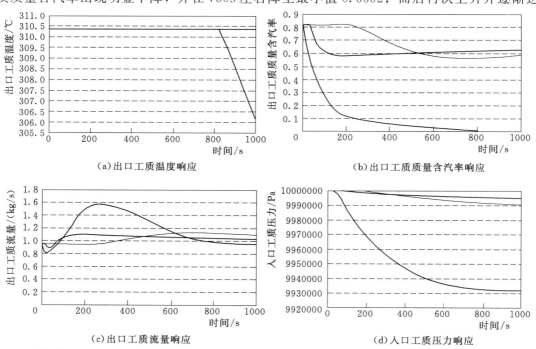

（a）出口工质温度响应　　　　　　　　　　（b）出口工质质量含汽率响应

（c）出口工质流量响应　　　　　　　　　　（d）入口工质压力响应

——全部管段辐射阶跃降低　　——局部管段（20~60m）辐射阶跃降低　　——局部管段（200~250m）辐射阶跃降低

图 6.7　局部管长范围内直射辐射强度阶跃降低 70% 时集热器主要参数动态响应

到新的稳定值。条件 d 情况时，DSG 槽式集热器出口工质质量含汽率响应仅延迟 3s 左右，而后在约 24s 之前，出口工质质量含汽率微弱上升；在约 24～200s，出口工质质量含汽率出现明显下降，并在 200s 左右降至最小值 0.5856；而后再次上升并逐渐达到新的稳定值。而条件 e 情况时，出口工质质量含汽率响应并无延时，而且是持续下降至 0。

由图 6.7（c）可知，在条件 c 情况时，DSG 槽式集热器出口工质流量延迟 120s 左右响应，并在开始阶段小幅下降，而后逐渐增大，并在约 750s 达到最大值 1.129kg/s，而后逐渐下降，并逐步稳定。在条件 d 情况时，DSG 槽式集热器出口工质流量几乎是立刻响应，并在 35s 左右达到最小值 0.8901kg/s，而后逐渐增大，并在约 207s 达到最大值 1.0966kg/s，而后逐渐下降，并逐步稳定。条件 c、条件 d 情况与条件 e 相比，出口工质流量响应波动趋势相同，但幅值都比条件 e 时小得多，而且条件 c 时响应有较长延时。

由图 6.7（d）可知，条件 c、条件 d 时的入口工质压力动态响应线型与条件 e 时的入口工质压力动态响应线型基本一致，但幅值均比条件 e 时小得多。条件 c 时的入口工质压力大约延迟 1.5s 响应，条件 d 时入口工质压力大约延迟 21s 响应。

由图 6.7 各图可知，直射辐射强度扰动时，扰动发生位置对 DSG 槽式集热器出口工质温度、质量含汽率、工质流量以及入口工质压力响应的影响明显。

6.6.2 给水流量扰动情况

DSG 槽式集热器给水流量阶跃降低 5%，DSG 槽式集热器出口工质温度响应如图 6.8（a）所示，出口工质质量含汽率响应如图 6.8（b）所示，出口工质流量响应如图 6.8（c）所示，入口工质压力响应如图 6.8（d）所示。

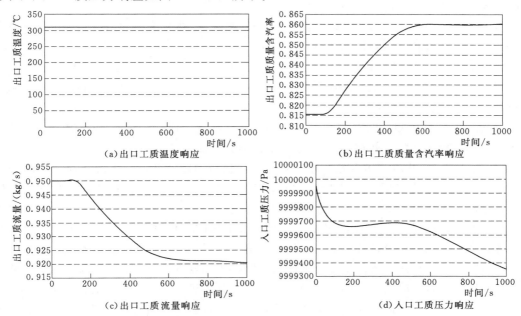

（a）出口工质温度响应　　　　　　　　（b）出口工质质量含汽率响应

（c）出口工质流量响应　　　　　　　　（d）入口工质压力响应

图 6.8　给水流量阶跃降低 5% 时集热器主要参数动态响应

由图 6.8（a）可知，在计算时间内，DSG 槽式集热器出口工质温度一直保持在 310.37℃ 不变，其状态为不饱和蒸汽。

由图 6.8（b）可知，DSG 槽式集热器给水流量阶跃降低 5%，DSG 槽式集热器出口工质质量含汽率延迟约 80s 响应，而后逐渐上升至 0.86 左右，达到新的平衡。

由图 6.8（c）可知，DSG 槽式集热器给水流量阶跃降低 5%，DSG 槽式集热器出口工质流量延迟约 80s 响应，而后持续降低，在约 120～600s 下降速度较快，而在 600s 之后下降速度缓慢，并逐渐达到新的稳定值。在这一过程中，由于集热器入口处工质流量减小导致的出口工质流量减小的影响大于工质膨胀导致的工质流量增大的影响，因此出口工质流量一直呈下降状态。

由图 6.8（d）可知，DSG 槽式集热器给水流量阶跃降低 5%，DSG 槽式集热器入口工质压力在初始阶段下降较快，并在 200s 左右降至局部最小值 9.999660MPa；而后随时间小幅上升，在 411s 左右达到局部最大值 9.999687MPa；在 411s 之后入口工质压力再次下降，并逐渐达到新的稳态值。给水流量突然减小，导致集热器入口及内部的工质容积减小，所以从集热器入口开始管路沿线压力下降，致使集热器内工质膨胀，管路沿线压力升高，入口工质压力升高。一段时间后，由于给水流量减小导致的压力降低的影响超过了工质膨胀导致的压力升高的影响，管路沿线和入口工质压力继续下降，并逐渐稳定在新的平衡点。

6.6.3　给水温度扰动情况

DSG 槽式集热器给水温度阶跃降低 5%，DSG 槽式集热器出口工质温度响应如图 6.9（a）所示，出口工质质量含汽率响应如图 6.9（b）所示，出口工质流量响应如图 6.9（c）所示，入口工质压力响应如图 6.9（d）所示。

由图 6.9（a）可知，在计算时间内，DSG 槽式集热器出口工质温度一直保持在 310.37℃ 不变，其状态为不饱和蒸汽。

由图 6.9（b）可知，DSG 槽式集热器出口工质质量含汽率延迟约 120s 响应，而后有微弱波动，并在约 800s 处下降至最小值 0.63，在 800s 之后质量含汽率逐渐达到新的稳定值。

由图 6.9（c）可知，DSG 槽式集热器出口工质流量延迟约 120s 响应，在初始阶段小幅下降，而后持续增大，并在约 800s 达到最大值，而后逐渐下降，并逐步达到稳定值。

由图 6.9（d）可知，DSG 槽式集热器入口工质压力随时间逐渐下降，在初始的 250s 内以及 800s 之后入口工质压力下降得比较缓慢，而在 250～800s 之间入口工质压力下降得比较迅速。入口工质压力会逐渐达到新的稳态值。

给水温度扰动后，由于 DSG 槽式集热器管长的影响，导致 DSG 槽式集热器出口工质质量含汽率和出口工质流量延迟响应。给水温度下降 5%，直射辐射强度不变，致使工质容积有微弱变小，集热器入口工质压力微弱下降，集热器管路沿线压力下降，沿程压降下降，从而导致短时间内出口工质流量微弱下降，因此集热器出口工质质量含汽率在延迟后短时间内有微弱上升。但同时由于集热器管路沿线工质温度（热水区）或工质质量含汽率（两相区）下降，集热器内沿线压力要继续下降，工质容积膨胀，导致工质在一段时间内，

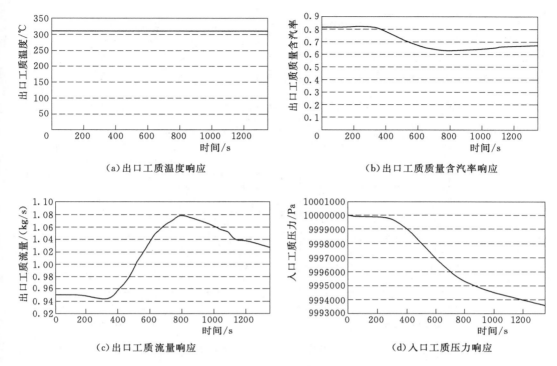

（a）出口工质温度响应 （b）出口工质质量含汽率响应

（c）出口工质流量响应 （d）入口工质压力响应

图 6.9 给水温度阶跃降低 5％时集热器主要参数动态响应

出口工质流量大于进口给水流量，集热器出口工质质量含汽率下降。随着时间推移，集热器出口工质流量、集热器出口工质质量含汽率、入口工质压力等都逐渐达到新的稳定状态。

6.7 出口过热蒸汽 DSG 槽式集热器动态特性分析

在对出口为过热蒸汽的 DSG 槽式集热器的动态特性进行分析时同样采用文献［98］的实验数据，并将集热器管长选为与文献［98］数据相同的 600m。做动态特性分析时，除要分析的参数外，其他参数保持不变。本书选用入口工质温度、工质流量和出口工质压力作为边界条件。根据槽式 DSG 系统的特点，选择太阳直射辐射强度变化、给水流量变化和给水温度变化等三种扰动，对系统主要参数在各扰动工况下的动态响应进行计算分析。

6.7.1 太阳直射辐射强度扰动情况

1. 太阳直射辐射强度阶跃降低 70％

太阳直射辐射强度阶跃降低 70％，DSG 槽式集热器出口工质温度、工质流量响应如图 6.10 所示。

图 6.10（a）所示为出口工质温度响应曲线。由于太阳辐射突降至 $300W/m^2$，因此工质温度也随之很快地下降，大约 128s 后出口工质温度降至饱和温度 310.35℃，出口工质为两相流。

图 6.10（b）和（c）所示为出口工质流量响应曲线。流量随时间的推移，呈先下降

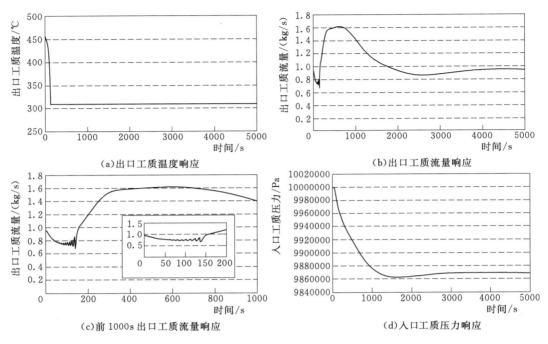

图 6.10　太阳直射辐射强度降低 70％时集热器主要参数动态响应

再上升再下降的趋势，并逐渐恢复至初始值。这是因为直射辐射强度突然降低，导致集热器内（尤其是过热区）工质温度快速降低，并致使工质容积快速减少，从而导致短时间内出口工质流量迅速下降。但同时由于集热器入口给水流量并无变化，因此在这一过程中有少量多余工质被暂时储存在集热器内部，导致内部总工质质量增加以及压力增大，从而导致内部至出口的沿程压降增大。随后，由于沿程压降的增大导致出口工质流量短暂增大。由于太阳直射辐射强度降低导致集热器内工质压力降低，因此在一段时间内，出口工质流量大于进口给水流量，多出的工质来源于集热器内压力降低导致的工质膨胀。随着时间的推移，出口工质流量逐渐与给水流量相等，达到稳定状态。

　　特别要说明的是，从图 6.10（c）可以看出，在 128s 之前的一段时间内出口工质流量是有脉动的。产生脉动有以下两个原因：

　　（1）模型的传热系数和摩擦系数选用了实时计算结果，而不是其他文献中所采用的稳态工况值。因为实际情况是太阳辐射下降一段时间后，DSG 槽式集热器中两相区结束位置要向后移动，所以此时原两相区结束位置上的工质为汽水混合物，即此时该位置上工质的质量含汽率小于 1。由于两相区传热系数要比干蒸汽区传热系数大得多，所以此时该位置上传热系数突增，管壁向工质的传热量突增，从而导致工质温度升高，工质重新成为过热蒸汽，即该位置上工质的质量含汽率等于 1。而工质温度升高增大了工质容积，从而增大了沿程压降。当该位置上的工质变为过热蒸汽时，传热系数会突降，传热系数的突变导致管壁向工质的传热量突然下降，管壁温度突然上升，从而使此处工质温度下降并重新回到两相区，压降较前一时刻有所减小，流量降低。经过多次反复后，集热器该位置才能稳定过渡到两相区，流量也呈脉动状态。图 6.10（c）所示的 DSG 槽式集热器出口处流量的脉动是管内不同位置上上述作用的叠加导致的，其中小图为出口工质流量呈脉动状态时的放大视图。顺便指出，下述图6.11（c）和图6.15（c）中同样出现了脉动现象，只是由于这两张图中给定的太阳直射辐射强度扰动和给水温度扰动都比较小（5%），因此脉动情况也比较缓和。实际上，DISS项目关于直通式槽式DSG系统的实验数据也表明，在直通式槽式系统中，集热管内的蒸发区结束位置确实会发生上述的往复波动。这种蒸发区结束位置的往复波动在集热管局部导致了管壁温度的快速变化和管周向的高温差（即集热管局部热应力快速增加）。特别是当管内工质两相区突然变长时（即蒸发区结束位置突然后移时），该现象会非常明显，甚至会超过集热管的热应力承受能力。正是由于上述问题导致了直通式槽式DSG系统性能不稳定，而再循环模式槽式DSG系统采用汽水分离器将蒸发区和过热区从物理结构上分开，正好避免了这一问题的发生，这是再循环模式槽式DSG系统最重要的优点。

（2）在汽水传热过程中，工质热力性质中参数的不连续性导致数值计算过程中产生振荡。从改善模型的角度，以往解决该问题的方法有以下两种：

1）采用移动边界模型，移动边界模型在相变边界上没有长度方向的导数，但这种模型需要辨别相变边界并适当的调整计算网格。如果采用非线性分布参数方法建模，会得到很好的仿真结果，但模型会非常复杂。而在以往的研究中，移动边界模型一般只采用非线性集总参数方法进行建模，即忽略参数在管长方向的变化，在管长方向采用平均值的方法，建立只有时间导数的常微分方程组。这种方法在火电厂动态建模中应用得非常广泛，但集总参数模型并不能有效地描述太阳辐射沿管长方面的动态变化，对于具有明显分布特性的槽式DSG系统来说，这并不是一种优秀的方法。

2）采用连续的物性方程，对工质物性参数在相变处的不连续采用平滑插值的方法。但本书应用该方法时发现虽然平滑插值可以减少波动幅值，但却会增长波动时间，降低了仿真精度。如何减少或消除数值计算中产生的振荡，将作为后续研究中的一个重点内容。

图6.10（d）所示为入口工质压力响应曲线。当太阳直射辐射强度阶跃降低时，集热器入口工质压力先下降后上升，最终达到新的稳定值。出口为过热蒸汽的DSG槽式集热器入口工质压力响应与出口为热水的DSG集热器入口工质压力响应［图6.1（c）］的趋势相同。

2. 太阳直射辐射强度阶跃降低5%

太阳直射辐射强度阶跃降低5%，集热器出口工质温度、流量响应如图6.11所示。

图6.11（a）所示为集热器出口工质温度响应曲线。由于太阳直射辐射强度降低5%，工质温度也随之下降，逐步稳定后出口工质仍为过热蒸汽。

图6.11（b）和（c）所示为集热器出口工质流量响应曲线。太阳直射辐射强度降低导致出口工质流量先下降后上升，而后逐步下降恢复至初始值。

图6.11（d）所示为入口工质压力响应曲线。当太阳直射辐射强度阶跃降低5%时，集热器入口工质压力逐渐下降至新的稳定值。

3. 单局部管长范围太阳直射辐射强度阶跃降低5%

分析局部管长范围太阳直射辐射强度扰动时，考虑三种情况：情况一为假设DSG槽式集热器前100m管段（即初始条件下处于热水区的一段管段）受到遮挡，该管段太阳直

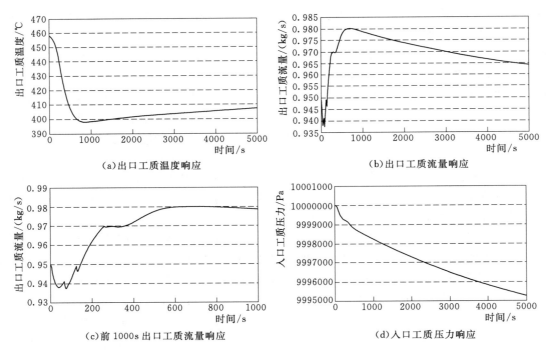

图 6.11 太阳直射辐射强度阶跃降低 5% 时 DSG 集热器各参数动态响应

射辐射强度阶跃降低 5%（假设此为条件 f）；情况二为假设 DSG 槽式集热器第 300m 至第 400m 管段（即初始条件下处于两相区的一段管段）受到遮挡，该管段太阳直射辐射强度阶跃降低 5%（假设此为条件 g）；情况三为假设 DSG 槽式集热器第 500～600m 管段（即初始条件下处于干蒸汽区的一段管段）受到遮挡，该管段太阳直射辐射强度阶跃降低 5%（假设此为条件 h）。

以上 3 种条件下 DSG 槽式集热器出口工质温度、工质流量以及入口工质压力的响应与全部管长范围太阳直射辐射强度阶跃降低 5%（假设此为条件 i）时的对应值进行比较，如图 6.12 所示。

由图 6.12（a）可知，条件 f、条件 g、条件 h、条件 i 时 DSG 槽式集热器出口工质温度响应趋势相同，但 4 种情况在是否有延时以及变化幅值方面不同。

DSG 槽式集热器出口工质温度的响应延时最长的是条件 f 时，其次是条件 g 时，条件 h 时和条件 i 时一样，其出口工质温度响应没有延时。这一现象表明出口工质温度是否延时响应与受到的太阳直射辐射强度扰动位置有关，当太阳直射辐射强度扰动发生在集热器末端时，出口工质温度响应无延时；当太阳直射辐射强度扰动发生的位置距离 DSG 槽式集热器末端越远时，出口工质温度响应延时时间越长。

条件 f、条件 g、条件 h 时 DSG 槽式集热器出口工质温度响应变化幅值最大的是条件 f 时，在响应开始的 600s 内，条件 g 时的响应变化幅值比条件 h 时的响应变化幅值小，但条件 g 时和条件 h 时的出口工质温度响应变化幅值在 600s 后逐渐相同。这一现象表明出口工质温度变化幅值也与太阳直射辐射强度扰动位置有关。同样是 100m 管长范围受到太

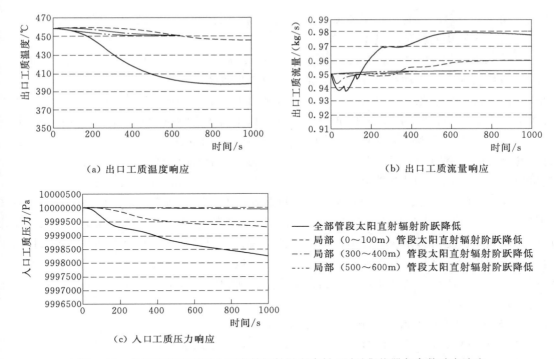

（a）出口工质温度响应

（b）出口工质流量响应

（c）入口工质压力响应

—— 全部管段太阳直射辐射阶跃降低

---- 局部（0～100m）管段太阳直射辐射阶跃降低

—·— 局部（300～400m）管段太阳直射辐射阶跃降低

······ 局部（500～600m）管段太阳直射辐射阶跃降低

图 6.12　单局部管长范围太阳直射辐射强度降低 5% 时集热器各参数动态响应

阳直射辐射扰动，但扰动发生在热水区时出口工质温度的变化比扰动发生在两相区或干蒸汽区时出口工质温度的变化明显；而扰动发生在两相区时或干蒸汽区时出口工质温度变化的幅值是基本一样的。

由图 6.12（b）可知，条件 f、条件 g、条件 h、条件 i 时 DSG 槽式集热器出口工质流量响应趋势相同，都是呈现先下降再上升的变化趋势。条件 f、条件 g、条件 h 时相比，条件 f 时 DSG 槽式集热器出口工质流量变化到最小值的时间最长但幅值居中，条件 g 时 DSG 槽式集热器出口工质流量变化到最小值的时间居中但幅值最大，条件 h 时 DSG 槽式集热器出口工质流量变化到最小值的时间最短且幅值最小。这一现象表明，太阳直射辐射强度扰动发生的位置越靠近 DSG 槽式集热器末端，其出口工质流量变化到最小值的时间越短；太阳直射辐射强度扰动发生在两相区时出口工质流量变化幅值最大，扰动发生在热水区时出口工质流量变化幅值次之，扰动发生在干蒸汽区时出口工质流量变化幅值最小。

条件 f 时 DSG 槽式集热器出口工质流量响应有 130s 左右的延时，条件 g 时 DSG 槽式集热器出口工质流量响应有 1.65s 左右的延时，而条件 h、条件 i 时 DSG 槽式集热器出口工质流量响应无延时。这一现象表明出口工质流量是否延时响应与受到的太阳直射辐射强度扰动位置有关，当太阳直射辐射强度扰动越靠近 DSG 槽式集热器末端时，其出口工质流量响应延时越小。

条件 f、条件 g、条件 h 时相比较，DSG 槽式集热器出口工质流量响应变化幅值最大的是条件 f 时；条件 g 时和条件 h 时的出口工质流量响应变化幅值在 600s 后逐渐相同。这一现象表明出口工质流量变化幅值也与太阳直射辐射强度扰动位置有关。同样是 100m 管长范围受到太阳直射辐射强度扰动，扰动发生在热水区时出口工质流量的变化比扰动发生在两相区或干蒸汽区时出口工质流量的变化明显；而扰动发生在两相区时或干蒸汽区时出口工质流量变化的幅值是基本一样的。

由图 6.12（c）可知，条件 f、条件 g、条件 h、条件 i 时 DSG 槽式集热器入口工质压力响应趋势相同，但 4 种情况在是否有延时以及变化幅值方面不同。

条件 f、条件 g、条件 h 时 DSG 槽式集热器入口工质压力的响应延时最长的是条件 h 时，其次是条件 g 时，条件 f 时和条件 i 时一样，其入口工质压力响应没有延时。这一现象表明入口工质压力是否延时响应与受到的太阳直射辐射强度扰动位置有关，当太阳直射辐射强度扰动发生在 DSG 槽式集热器始端时，入口工质压力响应无延时；当太阳直射辐射强度扰动发生的位置距离 DSG 槽式集热器始端越远时，入口工质压力响应延时时间越长。

条件 f、条件 g、条件 h 时 DSG 槽式集热器入口工质压力响应变化幅值最大的是条件 f 时，条件 g 时和条件 h 时的入口工质压力响应变化幅值基本相同。这一现象表明入口工质压力变化幅值也与太阳直射辐射强度扰动位置有关，同样是 100m 管长范围受到太阳直射辐射强度扰动，当扰动发生在热水区时入口工质压力的变化比扰动发生在两相区或干蒸汽区时，入口工质压力的变化明显；而扰动发生在两相区时或干蒸汽区时，入口工质压力变化的幅值基本一样。

4. 多局部管长范围太阳直射辐射强度阶跃降低 5%

分析多局部管长范围太阳直射辐射强度扰动时，考虑到太阳辐射及云的实际情况，这里只对两局部管长范围太阳直射辐射强度扰动进行分析。这里考虑 3 种情况：情况一为假设 DSG 槽式集热器前 100m 和 300～400m 的管段（即初始条件下处于热水区的一段管段和处于两相区的一段管段）受到遮挡，该管段太阳直射辐射强度阶跃降低 5%（假设此为条件 j）；情况二为假设 DSG 槽式集热器前 100m 和 500～600m 的管段（即初始条件下处于热水区的一段管段和处于干蒸汽区的一段管段）受到遮挡，该管段太阳直射辐射强度阶跃降低 5%（假设此为条件 h）；情况三为假设 DSG 槽式集热器第 300～400m 和 500～600m 管段（即初始条件下处于两相区的一段管段和处于干蒸汽区的一段管段）受到遮挡，该管段太阳直射辐射强度阶跃降低 5%（假设此为条件 l）。

上述 3 种条件下 DSG 槽式集热器出口工质温度、工质流量以及入口工质压力的响应与全部管长范围太阳直射辐射强度阶跃降低 5%（条件 i）时的对应值进行比较，如图 6.13 所示。

由图 6.13（a）可知，条件 k、条件 l、条件 i 时 DSG 槽式集热器出口工质温度响应趋势相同，都是随时间逐渐下降至新的稳定值；而条件 j 时，DSG 槽式集热器出口工质温度在约 106.9s 之前有一个幅值很小（约为 0.14℃）的微升下降过程，在 106.9s 之后趋势与条件 k、条件 l、条件 i 时大致相同。这一现象表明如果 DSG 槽式集热器末端受到的太阳直射辐射强度发生扰动，则其出口工质温度很快就会发生明显变化；但如果太阳直射辐射强度扰动的位置远离 DSG 槽式集热器末端，则其出口工质温度在开始阶段变化并不明显，会维持一段时间后，才发生明显变化。

条件 j、条件 k、条件 l 时 DSG 槽式集热器出口工质温度响应变化幅值最小的是条件 l 时，在响应开始的 600s 内，条件 j 时的响应变化幅值比条件 k 时的响应变化幅值小，但条件 j 时和条件 k 时的出口工质温度响应变化幅值在 600s 后逐渐相同。这一现象表明出口工质温度变化幅值也与太阳直射辐射强度扰动位置有关。同样是 200m 管长范围受到太

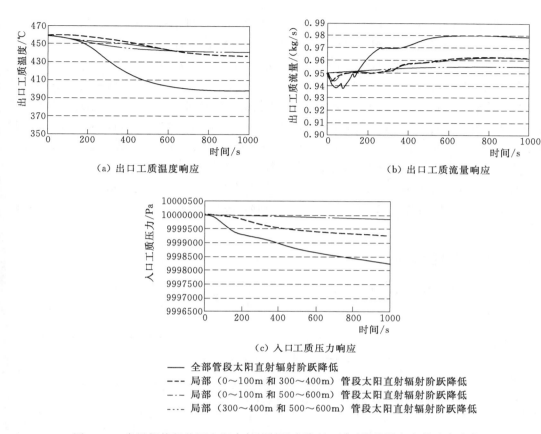

（a）出口工质温度响应

（b）出口工质流量响应

（c）入口工质压力响应

—— 全部管段太阳直射辐射阶跃降低
- - - 局部（0～100m和300～400m）管段太阳直射辐射阶跃降低
-·- 局部（0～100m和500～600m）管段太阳直射辐射阶跃降低
···· 局部（300～400m和500～600m）管段太阳直射辐射阶跃降低

图 6.13　多局部管长范围太阳直射辐射强度降低 5％时集热器各参数动态响应

阳直射辐射强度扰动，如果有太阳直射辐射强度扰动发生在热水区时，其出口工质温度的变化比其他情况时的变化明显。

由图 6.13（b）可知，条件 j、条件 k、条件 l、条件 i 时 DSG 槽式集热器出口工质流量响应趋势相同，都是呈现先下降再上升的变化趋势。条件 j、条件 k、条件 l 时相比，条件 j 时和条件 l 时 DSG 槽式集热器出口工质流量响应在前 50s 几乎一致，条件 k 时 DSG 槽式集热器出口工质流量响应在开始阶段有一个很小的下降再上升过程，在 400s 之后其响应曲线几乎与条件 j 时的响应曲线重合。这一现象表明，当有太阳直射辐射强度扰动发生在两相区时，DSG 槽式集热器出口工质流量会很快下降再上升；当有太阳直射辐射强度扰动发生在热水区时，DSG 槽式集热器出口工质流量变化的幅值会比较大。

条件 j 时 DSG 槽式集热器出口工质流量响应有一个很短的延时，大约为 1.65s；其他条件下，DSG 槽式集热器出口工质流量响应均无延时发生。这一现象表明出口工质流量是否延时响应与受到的太阳直射辐射强度扰动位置有关，当太阳直射辐射强度扰动越靠近 DSG 槽式集热器末端时，DSG 槽式集热器出口工质流量响应延时越小。结合图 6.12（b）DSG 槽式集热器出口工质流量响应可知，当太阳直射辐射强度扰动仅发生在热水区时，DSG 槽式集热器出口工质流量响应的延时很长；如果 DSG 槽式集热器其他区域也有太阳直射辐射强度扰动发生，则 DSG 槽式集热器出口工质流量响应的延时几乎可以忽略不计。

由图 6.13（c）可知，条件 j、条件 k、条件 l、条件 i 时 DSG 槽式集热器入口工质压力响应趋势相同，但 4 种情况在是否有延时以及变化幅值方面不同。

条件 j、条件 k、条件 l 时 DSG 槽式集热器入口工质压力的响应延时最长的是条件 l 时，约为 17.21s，条件 j、条件 k 时和条件 i 时一样，其入口工质压力响应没有延时。这一现象同样表明入口工质压力是否延时响应与受到的太阳直射辐射强度位置有关，当太阳直射辐射强度扰动发生在 DSG 槽式集热器始端时，入口工质压力响应无延时；当太阳直射辐射强度扰动发生的位置距离 DSG 槽式集热器始端越远时，入口工质压力响应延时时间越长。

条件 j、条件 k、条件 l 时 DSG 槽式集热器入口工质压力响应变化幅值最小的是条件 l 时，条件 j 时和条件 k 时的入口工质压力响应曲线基本重合，幅值也基本相同。这一现象表明当 DSG 槽式集热器热水区的太阳直射辐射强度发生扰动时，其入口工质压力变化幅值较大。

6.7.2 给水流量扰动情况

DSG 槽式集热器给水流量阶跃降低 5%，其出口工质温度、工质流量响应以及入口工质压力响应如图 6.14 所示。

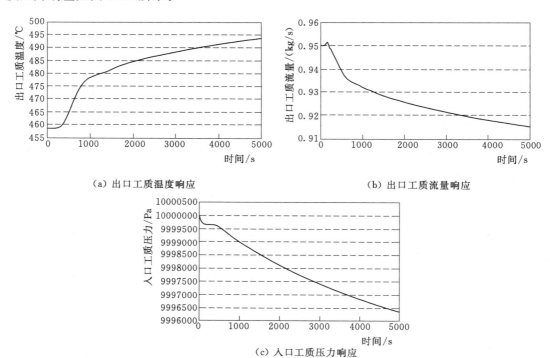

（a）出口工质温度响应　　　　　　（b）出口工质流量响应

（c）入口工质压力响应

图 6.14　入口流量阶跃降低 5%时集热器各参数动态响应

图 6.14（a）所示为出口工质温度响应曲线。出口工质温度响应滞后约 209s，之后工质温度继续上升，最终达到一个稳定值。

图 6.14（b）所示为出口工质流量响应曲线。出口工质流量响应滞后约 87s，并呈现先上升后下降的趋势，在 170s 左右达到峰值 0.9514kg/s，之后持续下降，最后与给水流

量达到新的平衡。

图 6.14（c）所示为入口工质压力响应曲线。入口工质压力在初始 160s 左右下降明显，之后 150s 左右保持不变，随后再次下降至稳定值。给水流量突然减小，导致集热器入口及内部的工质容积减小，所以从集热器入口开始管路沿线压力及压降减小，集热器内工质膨胀，工质膨胀导致管路沿线压力及压降有增大的趋势。在初始阶段，集热器管路沿线压降减小导致的出口工质流量减小的影响与工质膨胀导致的工质流量增大的影响相当，集热器出口工质流量没有明显变化；当工质膨胀的影响占主导地位时，集热器出口工质流量增大；一段时间后，给水流量减小导致出口工质流量减少的影响超过了工质膨胀导致流量增大的影响，出口工质流量随之减小至新的稳定值。

6.7.3 给水温度扰动情况

DSG 槽式集热器给水温度阶跃降低 5%，其出口工质温度、工质流量响应以及入口工质压力响应如图 6.15 所示。

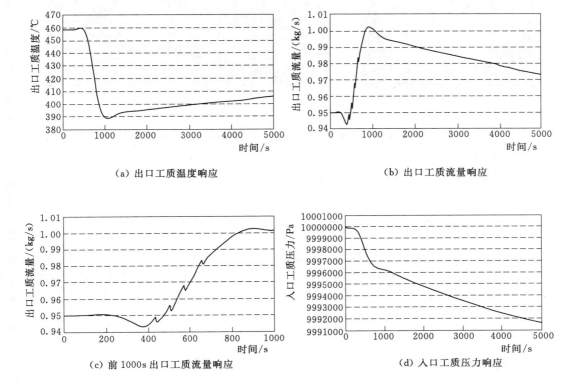

（a）出口工质温度响应　　　　　　　（b）出口工质流量响应

（c）前 1000s 出口工质流量响应　　　　　（d）入口工质压力响应

图 6.15　给水温度阶跃降低 5%时集热器各参数动态响应

图 6.15（a）所示为出口工质温度响应曲线。出口工质温度响应滞后 219s 左右，而后温度在 421s 左右上升至最大值 459.83℃，之后出口工质温度下降，直到系统达到新的稳定。

图 6.15（b）和（c）所示为出口工质流量响应曲线。出口工质流量响应滞后约 99s，在 196s 左右达到局部最大值 0.9505kg/s，出口工质流量而后下降，在约 372~383s 时达

到局部最小值 $0.9430\mathrm{kg/s}$，并在 $383\sim900\mathrm{s}$ 之间持续上升至 $1.0025\mathrm{kg/s}$，在 $900\mathrm{s}$ 左右再次下降，直至达到新的平衡。

图 6.15（d）所示为入口工质压力响应曲线。当给水温度阶跃降低 5% 时，集热器入口工质压力逐渐下降至新的稳定值。

6.8　移动云遮时 DSG 槽式集热器动态特性分析

槽式电站在实际运行中，有时会遇到图 6.16 所示的多云天气[128] 或喷气式飞机的尾迹。

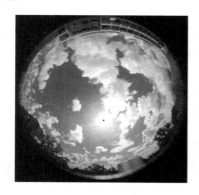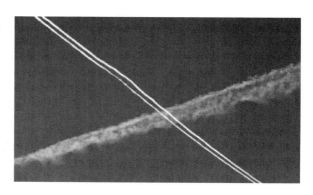

图 6.16　多云天气和喷气式飞机尾迹

当云彩或飞机尾迹的阴影正好进入集热场时，集热场内某段被阴影遮挡住的集热器的太阳直射辐射强度就会在一段时间内下降；而当云彩或飞机尾迹的阴影移过后，这段集热器的太阳直射辐射强度又将回到原来的辐射值。本节分析上述情况下 DSG 槽式集热器的动态特性。

6.8.1　移动云遮物理模型

对于因移动云彩的遮挡而导致的 DSG 槽式集热器局部受到的太阳直射辐射强度变化的情况，根据 DSG 槽式电站中集热场分布情况，分为一形场和 U 形场两种情况进行讨论，简化的物理模型如图 6.17 所示。在图 6.17 中，DSG 槽式集热器正南正北向放置，集热器端部箭头方向为工质流动方向，把集热器平均分为 N 段（N 一般可取为偶数），并按工质流动方向依次编入序号 1、2、…、N。

6.8.2　移动云遮数学模型

这里引入一个变量，即 DSG 槽式集热器上某个固定点被云阴影遮挡的时间 Δt。利用该变量，对移动云遮情况进行建模。

1. 一形场情况

根据物理模型，可得如下关系

$$\Delta t = \frac{\Delta Z}{v} \tag{6.15}$$

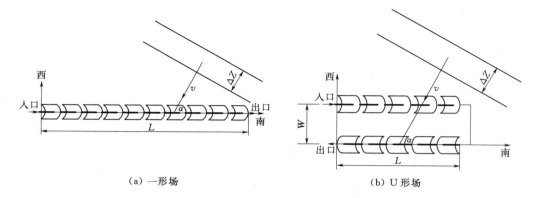

（a）一形场   （b）U 形场

图 6.17　移动云遮物理模型

L——形场或 U 形场的长度；W—U 形场的宽度；α—云移动的方向与正南方的夹角；
v—云移动的速度；ΔZ—云在地面投影的宽度

式中：Δt 为 DSG 槽式集热器上某个固定点被云阴影遮挡的时间；ΔZ 为云在地面投影的宽度；v 为云移动的速度。

管段 i 接收直射辐射强度变化的起始时间为

$$\begin{cases} t_0(i) = \dfrac{(i-1)\Delta y\,|\cos\alpha|}{v} & (\cos\alpha \leqslant 0) \\[3mm] t_0(i) = \dfrac{(N-i)\Delta y\,|\cos\alpha|}{v} & (\cos\alpha > 0) \end{cases} \tag{6.16}$$

式中：$t_0(i)$ 为管段 i 接收直射辐射强度变化的起始时间，$i = 1, 2, \cdots, N$）；Δy 表示 DSG 槽式集热器平均分为 N 段后，每小段管子的长度；N 为 DSG 槽式集热器平均分成的段数。

2. U 形场情况

根据物理模型，DSG 槽式集热器上某个固定点被云阴影遮挡的时间 Δt 仍由式（6.15）求得。

管段 i 接收直射辐射强度变化的起始时间分为两种情况：第一种情况为当 $0 \leqslant \alpha < 180°$ 时，云阴影先遮挡序号为 $i = 1, 2, \cdots, \dfrac{N}{2}$ 的这段管，接着再遮挡序号为 $i = \dfrac{N}{2}+1,\ \dfrac{N}{2}+2, \cdots,$ N 的这段管；第二种情况为 $180° \leqslant \alpha < 360°$ 时，云阴影先遮挡序号为 $i = \dfrac{N}{2}+1,\ \dfrac{N}{2}+2, \cdots,$ N 的这段管，接着再遮挡序号为 $i = 1, 2, \cdots, \dfrac{N}{2}$ 的这段管。

在第一种情况时，即 $0 \leqslant \alpha < 180°$ 时，管段 i 接收直射辐射强度变化的起始时间为

$$\begin{cases} t_0(i) = \dfrac{(i-1)\Delta y\,|\cos\alpha|}{v} & (\cos\alpha \leqslant 0) \\[3mm] t_0(i) = \dfrac{\left(\dfrac{N}{2}-i\right)\Delta y\,|\cos\alpha|}{v} & (\cos\alpha > 0) \end{cases} \quad \left(i = 1, 2, \cdots, \dfrac{N}{2}\right) \tag{6.17}$$

$$
\begin{cases}
t_0(i) = \dfrac{W|\sin\alpha|}{v} + \dfrac{(N-i)\Delta y|\cos\alpha|}{v} & (\cos\alpha \leqslant 0) \\[3mm]
t_0(i) = \dfrac{W|\sin\alpha|}{v} + \dfrac{\left[i-\left(\dfrac{N}{2}+1\right)\right]\Delta y|\cos\alpha|}{v} & (\cos\alpha > 0)
\end{cases}
\quad \left(i = \dfrac{N}{2}+1, \dfrac{N}{2}+2, \cdots, N\right)
$$

$$(6.18)$$

在第二种情况时，即 $180° \leqslant \alpha < 360°$ 时，管段 i 接收直射辐射强度变化的起始时间为

$$
\begin{cases}
t_0(i) = \dfrac{W|\sin\alpha|}{v} + \dfrac{(i-1)\Delta y|\cos\alpha|}{v} & (\cos\alpha \leqslant 0) \\[3mm]
t_0(i) = \dfrac{W|\sin\alpha|}{v} + \dfrac{\left(\dfrac{N}{2}-i\right)\Delta y|\cos\alpha|}{v} & (\cos\alpha > 0)
\end{cases}
\quad \left(i = 1, 2, \cdots, \dfrac{N}{2}\right) \quad (6.19)
$$

$$
\begin{cases}
t_0(i) = \dfrac{(N-i)\Delta y|\cos\alpha|}{v} & (\cos\alpha \leqslant 0) \\[3mm]
t_0(i) = \dfrac{\left[i-\left(\dfrac{N}{2}+1\right)\right]\Delta y|\cos\alpha|}{v} & (\cos\alpha > 0)
\end{cases}
\quad \left(i = \dfrac{N}{2}+1, \dfrac{N}{2}+2, \cdots, N\right) \quad (6.20)
$$

由上述云遮模型可知，云遮对 DSG 槽式集热器参数的影响主要由 DSG 槽式集热器场分布情况、太阳直射辐射强度变化情况、云移动的方向与正南方夹角 α、云移动速度 v 以及云在地面投影宽度 ΔZ 决定。

6.8.3 仿真研究

1. 固定参数研究

本书以一形场为例，假设工质从北至南流动，云遮时太阳直射辐射强度阶跃降低 70%，选取云移动速度为 3m/s，云移动方向与正南方夹角为 60°，云在地面上的投影宽度为 200m，对云遮情况下 DSG 槽式集热器出口工质温度、工质流量、工质质量含汽率以及入口工质压力进行研究，仿真结果如图 6.18 所示。

由图 6.18 可知，由于初始阶段云遮住了 DSG 槽式集热器的末端（即集热器的过热区），因此出口工质温度在初始阶段下降很快，并致使工质容积快速减少，从而导致短时间内出口工质流量的迅速下降。随着云影逐渐移动到 DSG 槽式集热器中部，云影遮住了绝大部分的 DSG 槽式集热器，太阳直射辐射强度的降低导致集热器沿线工质压力降低，入口工质压力快速下降。由于入口工质流量不变，出口工质流量的迅速下降导致管内工质增加，当管内工质增加的影响大于工质容积减少的影响时，出口工质流量上升，从而导致出口工质温度继续快速下降。随着云影继续向 DSG 槽式集热器始端移动，DSG 槽式集热器被云遮住的部分逐渐减少直至云影完全离开 DSG 槽式集热器，太阳直射辐射强度逐渐增加至初始值，工质容积膨胀，出口工质流量继续增加，导致管路沿线和出口工质温度继续下降，从而工质容积减小，当工质容积膨胀的影响大于工质容积减小的影响时，管内沿线压力增大，入口工质压力增大，因而出口工质流量继续增大，温度继续下降。又由于入口工质流量不变，出口工质流量的增大导致管内工质逐渐减少，当管内工质减少的影响占主导位置时，出口工质流量减少，出口工质温度增加，工质容积增加，管内沿线压力增

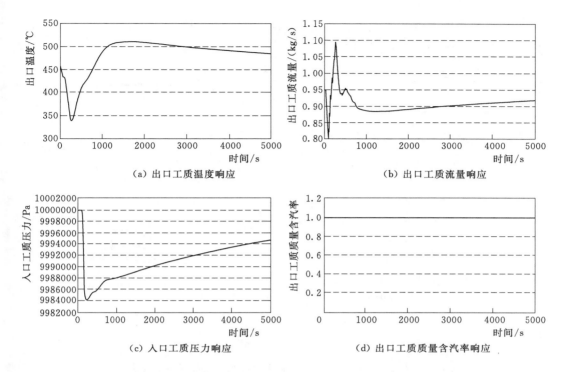

（a）出口工质温度响应 （b）出口工质流量响应

（c）入口工质压力响应 （d）出口工质质量含汽率响应

图 6.18　云遮时，太阳直射辐射强度阶跃降低 70％DSG 槽式集热器各参数动态响应

加，入口工质压力增加。随着时间推移，出口工质温度、工质流量，入口工质压力都逐渐达到稳定。在仿真时间内，由于工质质量含汽率始终为 1，因此出口工质始终是过热蒸汽。

2. 各参数对 DSG 槽式集热器的影响

DSG 槽式集热器采用相同的数据，并固定云移动的方向与正南方夹角 α、云移动速度 v 以及云在地面投影宽度 ΔZ 3 个影响因素中的两个，研究每一因素对 DSG 槽式集热器出口处工质温度、工质流量以及入口工质压力的影响。在本节的研究中，采用云遮时太阳直射辐射强度阶跃降低 70％进行计算。由于计算量较大，这里只计算 1000s 内各参数的动态特性。

（1）云在地面上的投影宽度变化情况。取云移动速度为 3m/s，云移动方向与正南方夹角为 60°，云在地面上的投影宽度不同时，DSG 槽式集热器出口工质温度、工质流量以及入口工质压力随时间变化如图 6.19 所示。由图 6.19 可知，云影宽度越宽，DSG 槽式集热器受云遮影响就越严重。

由图 6.19（a）和（b）可知，出口工质温度和出口工质流量都随云遮移动呈波动状态。云影宽度越宽，其波动幅值越大。

由图 6.19（c）可知，DSG 槽式集热器入口工质压力随云遮变化呈先快速下降再缓慢回升的变化趋势，并且云影宽度越大，其入口工质压力的波动越剧烈。

（2）云移动速度变化情况。取云在地面投影宽度为 200m，云移动方向与正南方夹角为 60°，云移动速度不同时，DSG 槽式集热器出口工质温度、工质流量以及入口工质压力

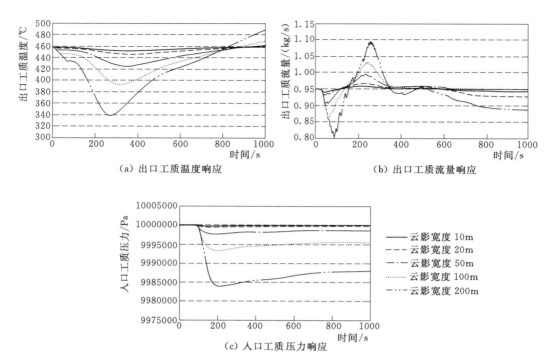

（a）出口工质温度响应

（b）出口工质流量响应

（c）入口工质压力响应

图 6.19　云在地面上的投影宽度变化时 DSG 槽式集热器各参数动态响应

随时间变化如图 6.20 所示。由图 6.20 可知，云影移动得越慢，DSG 槽式集热器受云遮影响就越严重。

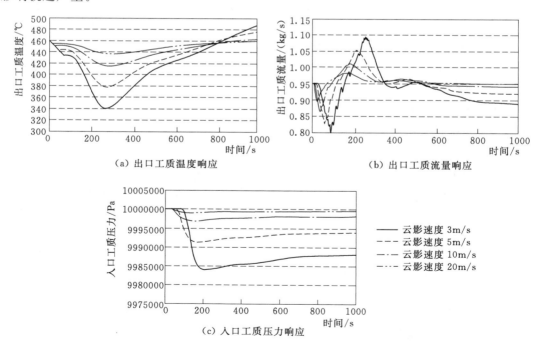

（a）出口工质温度响应

（b）出口工质流量响应

（c）入口工质压力响应

图 6.20　云移动速度变化时 DSG 槽式集热器各参数动态响应

由图 6.20（a）和图 6.20（b）可知，出口工质温度和出口工质流量都随云遮移动呈波动状态。云影移动得越慢，其波动幅值越大。

由图 6.20（c）可知，DSG 槽式集热器入口工质压力随云遮变化，呈先快速下降再缓慢回升的变化趋势，并且云影移动得越慢，其入口工质压力的波动越剧烈。

（3）云移动的方向与正南方夹角变化。取云移动速度为 3m/s，云在地面投影宽度为 200m，云移动的方向与正南方夹角不同时，DSG 槽式集热器出口工质温度、工质流量以及入口工质压力随时间变化如图 6.21 所示。由于云移动的方向与正南方夹角为 180°～360°时云影在 DSG 槽式集热器上移动的路径与该角在 0°～180°时云影在 DSG 槽式集热器上移动的路径对称，因此只研究该角在 0°～180°范围时 DSG 槽式集热器各参数动态响应即可。

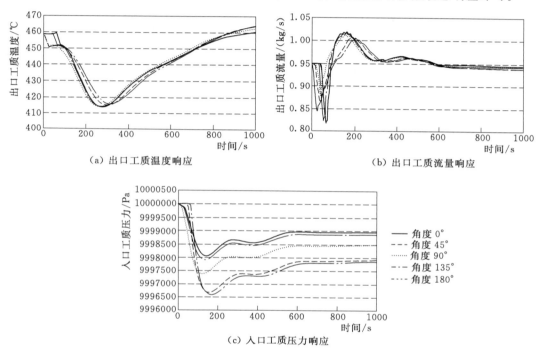

（a）出口工质温度响应   （b）出口工质流量响应

（c）入口工质压力响应

图 6.21　云移动的方向与正南方夹角变化时 DSG 槽式集热器各参数动态响应

由图 6.21（a）可知，当云移动的方向与正南方夹角为 0°、45°、90°时，云影从集热器末端开始遮挡，DSG 槽式集热器出口工质温度响应没有延时；而夹角为 135°和 180°时，云影从集热器始端开始遮挡，DSG 槽式集热器出口工质温度响应有明显延时，且夹角为 180°的温度响应延时更长。

由图 6.21（b）可知，当云移动的方向与正南方夹角为 0°、45°和 90°时，DSG 槽式集热器出口工质流量响应没有延时，且角度越大，出口工质流量响应波动越大；而夹角为 135°和 180°时，DSG 槽式集热器出口工质流量响应有明显延时，且出口工质流量响应受夹角影响比 90°以内的角度时更剧烈，夹角为 180°的出口工质流量响应波动最明显。

由图 6.21（c）可知，当云移动的方向与正南方夹角为 0°和 45°时，云影从集热器末端开始遮挡，DSG 槽式集热器入口工质压力响应有延时，且夹角为 0°的入口工质压力响应延时更长；而夹角为 90°、135°和 180°时，云影从集热器始端开始遮挡，DSG 槽式集热器入口工质压力响应无明显延时。云移动的方向与正南方夹角越小，DSG 槽式集热器入口工质压力响应波动越明显。

第 7 章 直通模式槽式 DSG 系统集热场模型与特性分析

直通模式槽式太阳能直接蒸汽发电系统（直通模式槽式 DSG 系统）结构简单、投资少、效率高，是具有良好发展前景的运行模式。本章根据直通模式槽式 DSG 系统的运行和结构特点，在 DSG 槽式集热器非线性分布参数模型的基础上，建立直通模式槽式 DSG 系统集热场非线性分布参数模型，并对其稳态特性和动态特性进行分析，仿真得出给水流量、喷水减温器喷水量变化时，集热场出口蒸汽温度和流量的传递函数，为设计和优化直通模式槽式 DSG 系统控制系统打下基础。

7.1 直通模式槽式 DSG 系统集热场模型

直通模式槽式 DSG 系统回路如图 7.1 所示，其集热场由 DSG 槽式集热器（太阳能集热器）和喷水减温器组成。其中，集热器由若干 DSG 槽式集热器组件组成。给水从集热器入口进入，依次经集热器预热区（热水区）、蒸发区（两相区）、过热区（干蒸汽区）转变为过热蒸汽，并在过热区的最后一级集热器组件的入口安装喷水减温器，用以调整集热器出口蒸汽温度。

直通模式槽式 DSG 系统是最简单、最经济的运行模式，但从第 6 章的分析来看，在动态过程中，直通模式槽式 DSG 系统集热器内蒸发区结束位置会发生往复波动，这种蒸发区结束位置的往复波动在集热器局部导致了管壁温度的快速变化和管周向的高温差，在整个系统的出口体现为流量的脉动现象。因此，如何控制集热场出口处过热蒸汽参数是该系统的关键技术问题，而研究该系统主要输入、输出参数之间的变化规律是研究上述控制问题的基础。

本章建立直通模式槽式 DSG 系统集热场模型的目的是要研究槽式 DSG 系统集热场的主要输入、输出参数之间的变化规律，因此可以将直通模式槽式 DSG 系统集热场简化为太阳辐射、入口工质压力、出口工质流量及温度等几个输入和输出参数的关系。根据直通模式槽式 DSG 系统集热场的结构，本章将直通模式槽式 DSG 系统集热场分为 DSG 槽式

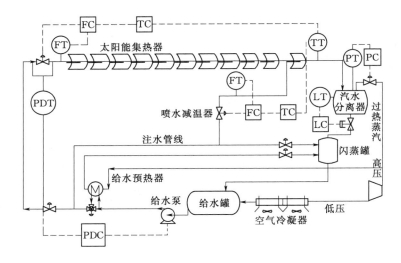

图 7.1　直通模式槽式 DSG 系统回路示意图

TT—温度传感器；TC—温度控制回路；FT—流量传感器；FC—流量控制回路；
LT—液位传感器；LC—液位控制回路；PT—压力传感器；PC—压力控制回路；
PDT—压降传感器；PDC—压降控制回路

集热器、喷水减温器两个子系统，并按上述两个子系统进行建模。对于 DSG 槽式集热器，根据第 6 章的分析，建立了能表达局部太阳辐射变化的较为复杂的非线性分布参数模型；而对于喷水减温器，非线性集总参数模型已经可以较好地反映其动态特性，而且降低了计算量，因此这里采用非线性集总参数模型。

综上所述，本章采用非线性分布参数方法对直通模式槽式 DSG 系统集热场进行建模，DSG 槽式集热器子系统采用非线性分布参数模型，喷水减温器子系统采用非线性集总参数模型。

7.1.1　DSG 槽式集热器模型

根据第 6 章的建模可知，DSG 槽式集热器的非线性分布参数模型为

$$\frac{\partial P}{\partial \tau} = \frac{-\frac{\partial \rho}{\partial H}\left(Q_{2,\text{in}} - \dot{m}\frac{\partial H}{\partial y}\right) - \rho\frac{\partial \dot{m}}{\partial y}}{F\left(\frac{\partial \rho}{\partial H} + \rho\frac{\partial \rho}{\partial P}\right)} \tag{7.1}$$

$$\frac{\partial H}{\partial \tau} = \frac{\frac{\partial \rho}{\partial P}\left(Q_{2,\text{in}} - \dot{m}\frac{\partial H}{\partial y}\right) - \frac{\partial \dot{m}}{\partial y}}{F\left(\frac{\partial \rho}{\partial H} + \rho\frac{\partial \rho}{\partial P}\right)} \tag{7.2}$$

$$\dot{m} = \left(-\frac{\partial P}{\partial y}\frac{\pi^{1.75} D_{\text{ab,i}}^{4.75}\rho}{2^{2.5}\times 0.3165\times\varphi\eta^{0.25}}\right)^{\frac{1}{1.75}} \tag{7.3}$$

式中：P 为 DSG 槽式集热器金属管内工质压力；H 为金属管内工质比焓；$\dot{m}$ 为金属管内工质流量；ρ 为金属管内工质密度；η 为金属管内工质动力黏度；$Q_{2,\text{in}}$ 为单位时间内单位管长管壁金属向管内工质的放热量；F 为金属管内截面积；$D_{\text{ab,i}}$ 为金属管内径；φ 为

Martinelli-Nelson 两相乘子；τ 为时间；y 为沿管长方向长度。

当集热管内为单相工质时，ρ、η 分别是单相工质的密度和动力黏度，并且取 Martinelli-Nelson 两相乘子 $\varphi=1$；当集热管内是两相工质时，ρ、η 分别取工质全部为水时的密度和动力黏度；Martinelli-Nelson 两相乘子 φ 由式（5.40）决定。

除上述式（7.1）～式（7.3）外，还需要闭合方程式（6.1）、式（6.2）、式（6.6）～式（6.8）、式（5.2）～式（5.5）、式（5.13）～式（5.36），上述各方程共同构成了 DSG 槽式集热器非线性分布参数模型的基本方程组。

7.1.2　喷水减温器模型

槽式 DSG 系统中的喷水减温器与常规火电厂中的喷水减温器基本是一样的，其基本工作原理都是利用喷水装置将雾化减温水直接喷入过热的蒸汽流，水滴从过热蒸汽流中吸热蒸发，从而使蒸汽的温度降低，达到调节过热气温的目的。

1. 喷水减温器物理模型

喷水减温器可以简化为如图 7.2 所示的物理模型，根据其工作原理做如下假设：

（1）减温器内工质只沿轴向做一维运动。

（2）进出口间各个截面上工质的物性参数分布均匀。

（3）减温器管道截面均匀无变化。

（4）在两相区，汽水均匀混合，且流速相同。

图 7.2　喷水减温器物理模型

$\dot{m}_{sw}$、H_{sw}—减温水的流量和焓值；$\dot{m}_{1s}$、H_{1s}—过热区冷段出口工质流量和焓值；$\dot{m}_a$、H_a—减温器出口工质流量和焓值

（5）由于喷水减温器工作过程中，壁面的传热量对其内部流动工质的温度影响很小，所以这里忽略减温器壁面与流体间的换热量。

（6）减温器管壁与外界环境之间绝热。

（7）忽略由于速度变化引起的动能和摩擦功。

（8）忽略沿程阻力损失。

2. 喷水减温器数学模型

（1）质量平衡方程为

$$\dot{m}_{sw}+\dot{m}_{1s}-\dot{m}_a=V_a\frac{d\rho_a}{d\tau} \tag{7.4}$$

式中：$\dot{m}_{sw}$ 为减温水的流量；$\dot{m}_{1s}$ 为过热区冷段出口工质流量；$\dot{m}_a$ 为减温器出口工质流量；V_a 为喷水减温器的容积；ρ_a 为减温器出口蒸汽密度。

（2）能量平衡方程为

$$\dot{m}_{sw}H_{sw}+\dot{m}_{1s}H_{1s}-\dot{m}_aH_a=V_a\frac{d\rho_aH_a}{d\tau} \tag{7.5}$$

式中：H_{sw} 为减温水比焓；H_{1s} 为过热区冷段出口工质比焓；H_a 为减温器出口工质比焓。

由于喷水减温器出口的蒸汽密度随着进口喷水量的变化而变化，所以需要建立减温器出口蒸汽密度 ρ_a 与减温器出口蒸汽流量 $\dot{m}_a$ 之间的函数关系，即

$$\dot{m}_a = \rho_a F_a v_a \tag{7.6}$$

式中：F_a 为减温器流道截面积；v_a 为减温器出口蒸汽流速。

由式（7.6）可以得到减温器出口蒸汽流速 v_a 的表达式为

$$v_a = \frac{(\dot{m}_{sw} + \dot{m}_{1s})\xi}{\rho_{ave} F_a} \tag{7.7}$$

其中

$$\xi = \frac{\rho_{ave}}{\rho_a} = \xi(\dot{m}_{sw})$$

式中：ξ 为修正系数；ρ_{ave} 为减温器进口处两相流的平均密度值。

减温器进口处两相流的平均密度 ρ_{ave} 的计算式为

$$\rho_{ave} = \frac{\rho_{sw}\rho_{1s}(\dot{m}_{sw} + \dot{m}_{1s})}{\dot{m}_{sw}\rho_{1s} + \dot{m}_{1s}\rho_{sw}} \tag{7.8}$$

式中：ρ_{sw}、ρ_{1s} 分别为减温水和过热区冷段出口蒸汽密度。

整理式（7.6）～式（7.8）可得

$$\dot{m}_a = \rho_a \frac{\dot{m}_{sw}\rho_{1s} + \dot{m}_{1s}\rho_{sw}}{\rho_{sw}\rho_{1s}}\xi \tag{7.9}$$

把式（7.9）代入式（7.4），得

$$V_a \frac{d\rho_a}{d\tau} = \dot{m}_{sw} + \dot{m}_{1s} - \rho_a \frac{\dot{m}_{sw}\rho_{1s} + \dot{m}_{1s}\rho_{sw}}{\rho_{sw}\rho_{1s}}\xi \tag{7.10}$$

对式（7.10）应用 $\frac{d}{d\tau} = \frac{\partial}{\partial P}\left(\frac{dP}{d\tau}\right)$ 的关系，得

$$\frac{dP_a}{d\tau} = \frac{\dot{m}_{sw} + \dot{m}_{1s} - \rho_a \dfrac{\dot{m}_{sw}\rho_{1s} + \dot{m}_{1s}\rho_{sw}}{\rho_{sw}\rho_{1s}}\xi}{V_a \dfrac{d\rho_a}{dP_a}} \tag{7.11}$$

由式（7.5）可得

$$V_a\rho_a \frac{dH_a}{d\tau} + V_a H_a \frac{d\rho_a}{d\tau} = \dot{m}_{sw}H_{sw} + \dot{m}_{1s}H_{1s} - \dot{m}_a H_a \tag{7.12}$$

将式（7.4）代入式（7.12）得

$$\frac{dH_a}{d\tau} = \frac{1}{V_a\rho_a}[\dot{m}_{sw}H_{sw} + \dot{m}_{1s}H_{1s} - (\dot{m}_{sw} + \dot{m}_{1s})H_a] \tag{7.13}$$

式（7.9）、式（7.11）和式（7.13）组成了以喷水减温器出口处蒸汽压力 P_a 和比焓 H_a 为输出变量的喷水减温器模型基本方程组。

7.2　直通模式槽式 DSG 系统集热场稳态特性分析

在稳态特性分析中，采用类 LS - 3 型 DSG 槽式集热器，聚光器开口宽度 5.47m，金属管内外径为 54/70mm，金属管导热系数为 54Wm^{-1}K^{-1}，光学效率为 73.3％。集热管入口工质温度为 210℃，入口工质压力为 10MPa，入口流量为 0.95kg/s，直射辐射强度

为 1000W/m²，集热器总长度取为 700m，并在 600m 结束位置安装喷水减温器，喷水量为 0.07kg/s，喷水焓值为 1235kJ/kg。依次改变直射辐射强度、工质流量、入口工质温度和压力，并保持其他参数相同，分析直通模式槽式 DSG 系统集热场的稳态特性。

7.2.1 太阳直射辐射强度

直射辐射强度从 0～1000W/m² 变化时，直通模式槽式 DSG 系统集热器出口工质温度和工质压力的变化如图 7.3 所示。由图 7.3 可知，直射辐射强度逐渐增强时，集热器出口工质的状态逐渐由热水变为两相流、饱和蒸汽，直到过热蒸汽；集热器出口工质压力会随直射辐射强度的增强而降低，其中直射辐射强度约为 200～700W/m² 时，即集热器出口为两相流时出口工质压力下降得较明显。

直射辐射强度从 0～1000W/m² 变化时，直通模式槽式 DSG 系统喷水减温器前后工质的质量含汽率如图 7.4 所示。当直射辐射强度为 0～200W/m² 时，喷水减温器前后工质质量含汽率都为 0，这说明在该辐射范围内时，喷水减温器前后工质均为水；当直射辐射强度为 200～800W/m² 时，喷水减温器前后工质质量含汽率均小于 1.0，这说明在该辐射范围内时，喷水减温器前后工质均为汽水两相流；当直射辐射强度为 800～900W/m² 时，喷水减温器前工质质量含汽率为 1.0，喷水减温器后工质质量含汽率小于 1.0，这说明在该辐射范围内时，喷水减温器前工质为过热蒸汽，而喷水后工质重新回到汽水两相流状态；当直射辐射强度为 900～1000W/m² 时，喷水减温器前后工质质量含汽率均为 1.0，这说明在该辐射范围内时，喷水减温器前后工质均为过热蒸汽。

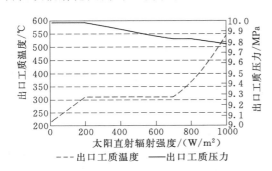

图 7.3 DSG 槽式集热器出口工质温度和工质压力随直射辐射强度变化曲线

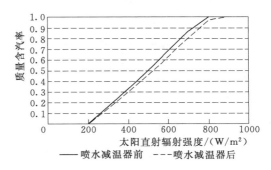

图 7.4 喷水减温器前后工质的质量含汽率随直射辐射强度变化曲线

集热器热水区、两相区以及干蒸汽区分别占集热器管长比例随直射辐射强度的变化如图 7.5 所示。由图 7.5 可知，在直射辐射强度不断增强时，集热器中的热水区长度开始为 1.0，当直射辐射强度到达某一阈值（这里约为 200W/m²）后热水区长度逐渐减少；并且在直射辐射强度较低时，热水区占集热器总长比例下降得比较快；当直射辐射强度较高时，热水区占集热器总长比例下降速度趋缓；两相区长度开始为 0，当热水区开始减少时两相区开始增加，当直射辐射强度到达另一阈值（这里约为 770W/m²）后两相区逐渐减少，而此时干蒸汽区长度开始由 0 逐渐变大。

直射辐射强度从 0～1000W/m² 变化时，直通模式槽式 DSG 系统集热器内工质水的相变点如图 7.6 所示。当直射辐射强度为 0~200W/m² 时，集热器内工质质量含汽率为 0 的相变点从集热器末端逐渐向始端移动，且变化缓慢，这说明集热器内工质从只有热水逐渐变为由热水和汽水两相流组成；当直射辐射强度为 200~400W/m² 时，集热器内工质质量含汽率为 0 的相变点继续向前移动，且变化速度较快，说明此时集热器内热水区缩短得很快；当直射辐射强度为 400~700W/m² 时，集热器工质质量含汽率为 0 的相变点继续向前移动，且变化速度较之前变缓，说明此时集热器热水区缩短速度变慢；当直射辐射强度为 700~1000W/m² 时，集热器内工质质量含汽率为 0 的相变点继续向前移动且变化速度较慢，而集热器内工质质量含汽率为 1 的相变点开始从集热器末端向始端移动，移动速度比 $x=0$ 的相变点快。这说明当直射辐射强度大于 700W/m² 时，DSG 槽式集热器内工质由热水、两相流和过热蒸汽组成，且当直射辐射强度增大时，热水区减小，两相流区减小，干蒸汽区增大，其中两相流区减少得较多。

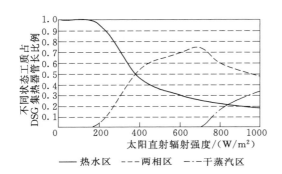
图 7.5　直射辐射强度变化时不同状态工质占 DSG 槽式集热器管长比例

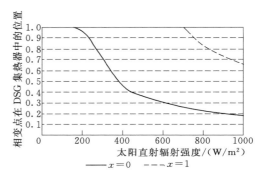
图 7.6　相变点在 DSG 槽式集热器中的位置随直射辐射强度变化曲线（x 为质量含汽率）

图 7.3~图 7.6 可为电站设计提供参考。在实际工程设计时，应保证电站正常运行时 DSG 槽式集热器出口工质处于干蒸汽状态，并留有一定阈度。

7.2.2　工质流量

工质流量从 0.72~2.50kg/s 变化时，直通模式槽式 DSG 系统集热器出口工质温度和工质压力的变化如图 7.7 所示。从图 7.7 可知，工质流量从 0.72~1.50kg/s 变化时，集热器出口工质温度和压力均下降得比较快，此时 DSG 槽式集热器出口为过热蒸汽。而工质流量在约 1.50~2.50kg/s 时，DSG 槽式集热器出口工质温度和工质压力均趋于平稳，此时 DSG 槽式集热器出口为两相流。

工质流量从 0.72~2.50kg/s 变化时，直通模式槽式 DSG 系统喷水减温器前后工质的质量含汽率如图 7.8 所示。当工质流量不大于 1.10kg/s 时，喷水减温器前后工质质量含

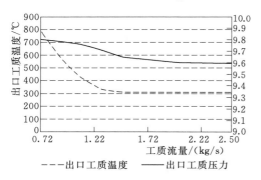
图 7.7　DSG 槽式集热器出口工质温度和工质压力随工质流量变化曲线

汽率都为 1.0，这说明工质流量在该范围内时，喷水减温器前后工质均为过热蒸汽；当工质流量大于 1.10kg/s 时，喷水减温器前后工质质量含汽率均小于 1.0，这说明工质流量在该范围内时，喷水减温器前后工质均为汽水两相流。图 7.8 说明，在实际应用中，采用本算例数据时，工质流量不应大于 1.10kg/s。

集热器热水区、两相区以及干蒸汽区分别占集热器管长比例随工质流量的变化如图 7.9 所示。由图 7.9 可知，在工质流量不断增加时，干蒸汽区长度不断减小，并在质量到达某一阈值（这里约为 1.50kg/s）后干蒸

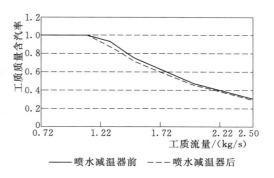

图 7.8　喷水减温器前后工质质量含汽率
随工质流量变化曲线

汽区长度变为 0；在工质流量不断增加时，两相区长度先增大，然后在干蒸汽区长度变为 0 后两相区长度逐渐减小；在工质流量不断增加时，DSG 槽式集热器的热水区长度不断增加。

工质流量从 0.72～2.50kg/s 变化时，直通模式槽式 DSG 系统中集热器内工质的相变点如图 7.10 所示。当工质流量从 0.72kg/s 增大至 1.50kg/s 时，集热器内工质质量含汽率为 0 和质量含汽率为 1 的相变点均向集热器的末端移动，且工质质量含汽率为 1 的相变点移动得更快。这说明工质流量在此范围内逐渐增大时，集热器内热水区和两相区均增大，而且两相区增大得更多；当工质流量从 1.50kg/s 增大至 2.50kg/s 时，集热器内工质质量含汽率为 1 的相变点位于集热器末端，工质质量含汽率为 0 的相变点逐渐增大，即集热器出口工质为两相流，且集热器内热水区增长，两相区缩短。

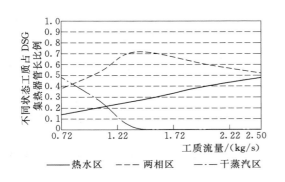

图 7.9　工质流量变化时不同状态工质
占 DSG 槽式集热器管长比例

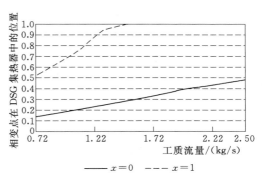

图 7.10　相变点在 DSG 槽式集热器中的位置
随工质流量变化曲线（x 为质量含汽率）

图 7.7～图 7.10 表明，为了保证 DSG 槽式集热器正常运行时出口工质为干蒸汽，且出口工质温度在合理范围内，工质流量需要设定在一定范围内，而且工质流量的可选范围比较小。如在本书数据条件下，工质流量的可选范围大致在 0.72～1.10kg/s 内。

7.2.3 入口工质温度

直通模式槽式 DSG 系统集热器入口工质温度从 150～250℃ 变化时，集热器出口工质温度和工质压力的变化如图 7.11 所示。从图 7.11 可知，入口工质温度从 150～250℃ 变化时，集热器出口工质温度呈近似线性上升趋势且变化明显，而出口工质压力呈近似线性下降趋势。

集热器热水区、两相区以及干蒸汽区分别占 DSG 槽式集热器管长比例随入口工质温度的变化如图 7.12 所示。由图 7.12 可知，在入口工质温度不断增加时，DSG 槽式集热器热水区长度逐渐减小，两相区长度几乎不变，而干蒸汽区呈不断上升趋势。

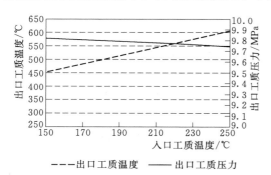

图 7.11　DSG 槽式集热器出口工质温度和工质压力随入口工质温度变化曲线

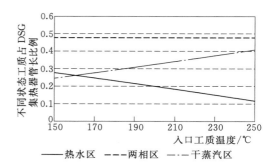

图 7.12　入口工质温度变化时不同状态工质占 DSG 槽式集热器管长比例

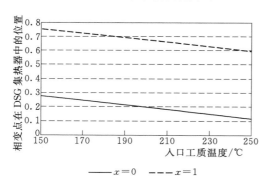

图 7.13　相变点在 DSG 槽式集热器中的位置随入口工质温度变化曲线（x 为质量含汽率）

DSG 槽式集热器入口工质温度从 150～250℃ 变化时，直通模式槽式 DSG 系统中 DSG 槽式集热器内工质的相变点如图 7.13 所示。当入口工质温度从 150℃ 增大至 250℃ 时，DSG 槽式集热器内工质质量含汽率为 0 和质量含汽率为 1 的相变点均向集热器的始端移动，且两相变点移动速度几乎相等。这说明入口工质温度在此范围内逐渐增大时，集热器内热水区减小，两相区几乎不变，干蒸汽区增大。

图 7.11～图 7.13 表明，入口工质温度对出口工质温度影响明显，但在较大范围内，都能满足 DSG 槽式集热器出口为干蒸汽的设计要求。

7.2.4 入口工质压力

直通模式槽式 DSG 系统集热器入口工质压力从 4～10MPa 变化时，集热器出口工质温度和工质压力的变化如图 7.14 所示。从图 7.14 可知，入口工质压力从 4～10MPa 变化时，集热器出口工质温度和出口工质压力均呈近似线性上升趋势。

DSG 槽式集热器热水区、两相区以及干蒸汽区分别占 DSG 槽式集热器管长比例随入口工质压力的变化如图 7.15 所示。由图 7.15 可知，在入口工质压力不断增加时，DSG 槽式集热器中的热水区长度和干蒸汽区长度均逐渐增大，但热水区长度增大的幅度更多；而两相区长度随入口工质压力的增加而不断减小。

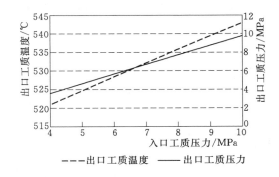

图 7.14　DSG 槽式集热器出口工质温度和工质压力随入口工质压力变化曲线

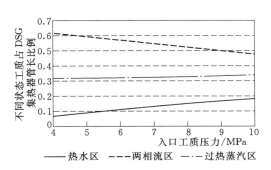

图 7.15　入口工质压力变化时不同状态工质占 DSG 槽式集热器管长比例

集热器入口工质压力从 4～10MPa 变化时，直通模式槽式 DSG 系统中集热器内工质的相变点如图 7.16 所示。当入口工质压力从 4MPa 增大至 10MPa 时，集热器内工质质量含汽率为 0 的相变点逐渐向集热器末端移动且幅度较大；而工质质量含汽率为 1 的相变点逐渐向集热器始端移动，幅值较小。这说明入口工质压力在此范围内逐渐增大时，集热器内热水区增大，两相区减小，干蒸汽区增大。图 7.14～图 7.16 表明，入口工质压力对出口工质温度和压力的影响都比较明

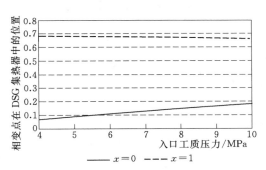

图 7.16　相变点在 DSG 槽式集热器中的位置随入口工质压力变化曲线（x 为质量含汽率）

显，但在较大范围内，都能满足 DSG 槽式集热器出口为干蒸汽的设计要求。

7.3　直通模式槽式 DSG 系统集热场动态特性分析

根据直通模式槽式 DSG 系统集热场的特点，本章选用入口工质温度、工质流量和出口工质压力作为边界条件，其初始条件根据稳态仿真计算得到。

在进行下述动态特性分析时同样采用 7.2 节稳态分析中的实验数据。在动态特性研究中，除要分析的参数外，其他参数保持不变。

根据直通模式槽式 DSG 系统集热场的特点，选择全集热场范围内直射辐射强度、局部集热场范围内直射辐射强度、给水量和喷水量等扰动，对系统主要参数在各扰动工况下的动态响应进行仿真计算分析。

7.3.1 太阳直射辐射强度扰动情况

1. 太阳直射辐射强度阶跃降低 10％

全集热器范围内直射辐射强度阶跃降低 10％，直通模式槽式 DSG 系统集热器出口工质温度、工质流量，入口工质压力以及喷水减温器前工质温度、工质压力、工质流量响应如图 7.17 所示。

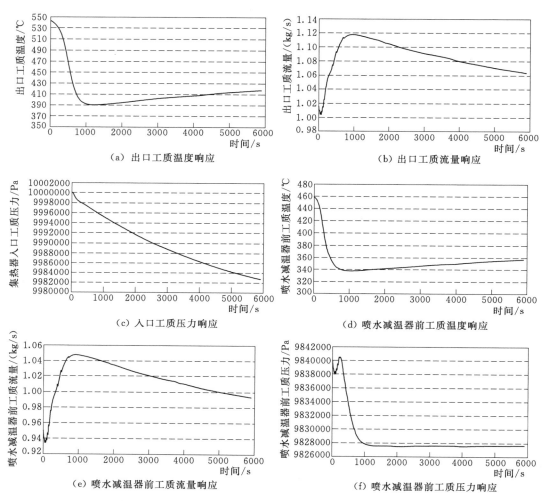

图 7.17　直射辐射强度阶跃降低 10％时直通模式槽式 DSG 系统集热场主要参数动态响应

由图 7.17（a）～（c）可知，全集热器范围内直射辐射强度阶跃降低 10％时，直通模式槽式 DSG 系统集热器出口工质温度、流量和入口工质压力随时间变化响应与 DSG 槽式集热器相应参数在直射辐射强度阶跃降低 5％时的响应趋势基本相同。

由图 7.17 和（e）可知，喷水减温器前工质温度和工质流量响应与出口工质温度和流量的响应趋势相同，仅在数值上有所差异。

由图 7.17（f）可知，喷水减温器前工质压力在 250s 之前有小幅波动，在 250s 之后持续下降，直至1000s左右达到新的稳定。

2. 单局部管长范围太阳直射辐射强度阶跃降低10%

分析局部管长范围直射辐射强度扰动时，考虑3种情况：①假设直通模式槽式DSG系统集热器入口100m（即初始条件下处于热水区的一段管段）内受到遮挡，该管段直射辐射强度阶跃降低10%（假设此为条件m）；②直通模式槽式DSG系统集热器距离入口处200～300m（即初始条件下处于两相区的一段管段）范围内受到遮挡，该管段直射辐射强度阶跃降低10%（假设此为条件n）；③直通模式槽式DSG系统集热器距离入口处600～700m（即初始条件下处于干蒸汽区的一段管段）范围内受到遮挡，该管段直射辐射强度阶跃降低10%（条件o）。

上述3种条件下直通模式槽式DSG系统集热器出口工质温度、工质流量以及入口工质压力响应分别如图7.18（a）～（c）所示。喷水减温器前工质温度、工质流量及工质压力响应分别如图7.18（d）～（f）所示。

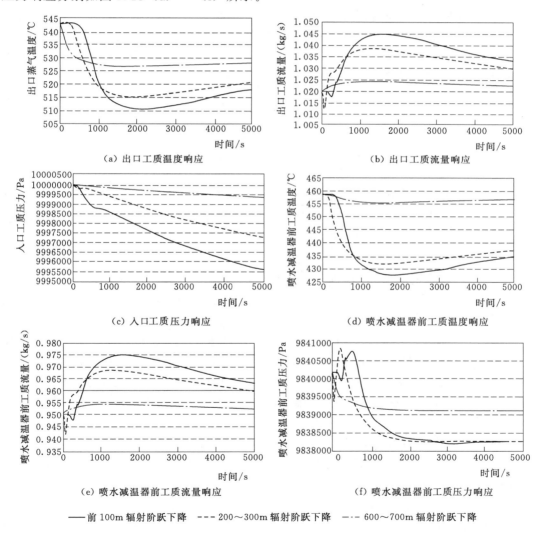

（a）出口工质温度响应

（b）出口工质流量响应

（c）入口工质压力响应

（d）喷水减温器前工质温度响应

（e）喷水减温器前工质流量响应

（f）喷水减温器前工质压力响应

—— 前100m辐射阶跃下降　--- 200～300m辐射阶跃下降　-·- 600～700m辐射阶跃下降

图7.18　局部位置太阳辐射降低10%时直通模式槽式DSG系统集热场主要参数动态响应

由图 7.18（a）可知，条件 m 时集热器出口工质温度响应延时最长，波动的幅值最大；条件 n 时集热器出口工质温度响应延时比条件 m 时短，波动幅值也比条件 m 时小；条件 o 时集热器出口工质温度响应无延时，波动幅值最小。

由图 7.18（b）可知，条件 m 时集热器出口工质流量响应延时最长，波动幅值最大；条件 n 时集热器出口工质流量响应几乎无延时，波动幅值也比条件 a 时小；条件 o 时集热器出口工质流量响应无延时，波动幅值最小。

由图 7.18（c）可知，条件 m 时集热器入口工质压力响应无延时，变化幅值最大；条件 n 时集热器入口工质压力响应有较短延时，变化幅值居中；条件 o 时集热器入口工质压力响应延时最长，波动幅值最小。

由图 7.18（d）可知，条件 m 时喷水减温器前工质温度响应延时最长，波动的幅值最大；条件 n 时喷水减温器前工质温度响应延时比条件 m 时短，波动幅值也比条件 m 时小；条件 o 时喷水减温器前工质温度响应无延时，波动幅值最小。需要说明的是，条件 o 时喷水减温器前的 DSG 槽式集热器管段受到的直射辐射强度并没有发生变化，但喷水减温器前的工质温度在动态过程中却有小幅下降，这是由于直射辐射强度的变化导致一段时间内喷水减温器前工质流量增加。

由图 7.18（e）可知，不同条件时，喷水减温器前工质流量响应趋势与集热器出口工质流量响应趋势基本相同。

由图 7.18（f）可知，条件 m 时喷水减温器前压力响应延时最长，变化幅值大；条件 n 时喷水减温器前压力响应有较短延时，变化幅值与条件 m 时基本相同；条件 o 时喷水减温器前压力响应无延时，波动幅值最小。

图 7.18 说明如果直射辐射强度波动发生在集热器的初始区域，则其对工质参数的影响最明显；从集热器热水区、两相区至干蒸汽区，直射辐射强度波动对工质参数的影响逐渐减弱。

3. 多局部管长范围太阳直射辐射强度阶跃降低 10%

分析多局部管长范围直射辐射强度扰动时，考虑到太阳辐射及云的实际情况，这里对两局部管长范围直射辐射强度扰动进行分析。这里考虑 3 种情况：①假设直通模式槽式 DSG 系统集热器 0～100m 和 200～300m 的管段（即初始条件下处于热水区的一段管段和处于两相区的一段管段）受到遮挡，该管段直射辐射强度阶跃降低 10%（假设此为条件 p）；②假设直通模式槽式 DSG 系统集热器 0～100m 和 600～700m 的管段（即初始条件下处于热水区的一段管段和处于干蒸汽区的一段管段）受到遮挡，该管段直射辐射强度阶跃降低 10%（假设此为条件 q）；③假设直通模式槽式 DSG 系统集热器 200～300m 和 600～700m 的管段（即初始条件下处于两相区的一段管段和处于干蒸汽区的一段管段）受到遮挡，该管段直射辐射强度阶跃降低 10%（假设此为条件 r）。

上述 3 种条件下集热器出口工质温度、工质流量以及入口工质压力响应和喷水减温器前工质的温度、流量及压力响应如图 7.19 所示。

由图 7.19（a）可知，条件 p、条件 q、条件 r 时集热器出口工质温度响应趋势相同，都是随时间逐渐下降至新的稳定值。而条件 p 时集热器出口工质温度响应有明显延时，条件 q 和条件 r 时集热器出口工质温度响应无延时。条件 p 时集热器出口工质温度响应的变

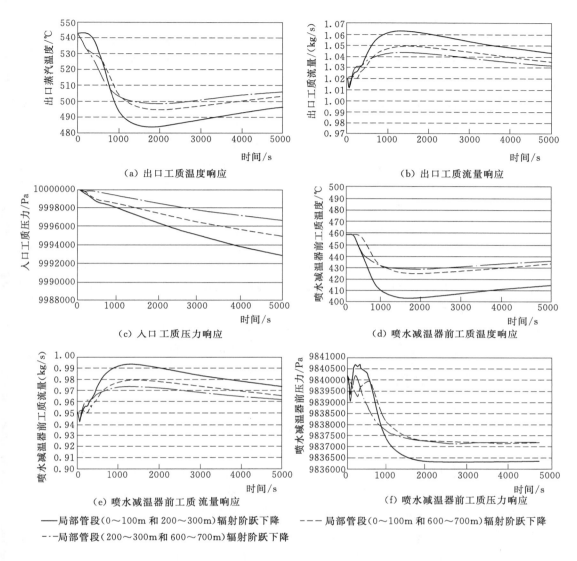

图 7.19　多局部位置太阳辐射降低 10％时直通模式槽式 DSG 系统集热场主要参数动态响应

化幅值最大，条件 q 时次之，条件 r 时最小。条件 p 和条件 q 时，两条件下的集热器出口工质温度响应在初始阶段重合。这说明直射辐射强度扰动发生在距离集热器入口较近的地方时，出口工质温度变化的幅值会较大；在集热器出口工质温度响应的初始阶段，发生在集热器出口附近的直射辐射强度扰动起到主要作用。

由图 7.19 （b）可知，条件 p、条件 r 时集热器出口工质流量响应趋势相同，呈先下降再上升的变化趋势，且两条件下的集热器出口工质流量响应在初始阶段几乎重合。条件 p 时集热器出口工质流量响应的变化幅值最大，条件 q 时次之，条件 r 时最小。这说明直射辐射强度扰动发生在距离集热器入口较近的地方时，出口工质流量变化的幅值会较大；在集热器出口工质流量响应的初始阶段，发生在集热器中段附近的直射辐射强度扰动起到主要作用。

结合图 7.18（b）中直通模式槽式 DSG 系统集热器出口工质流量响应可知，当直射辐射强度扰动仅发生在热水区时，集热器出口工质流量响应的延时很长；如果直通模式槽式 DSG 系统集热器其他区域也有直射辐射强度扰动发生，则直通模式槽式 DSG 系统集热器出口工质流量响应的延时几乎可以忽略不计。由图 7.19（c）可知，条件 p、条件 q、条件 r 时直通模式槽式 DSG 系统集热器入口工质压力响应趋势相同，但 3 种条件下在是否有延时以及变化幅值方面不同。条件 r 时直通模式槽式 DSG 系统集热器入口工质压力的响应延时最长；条件 p、条件 q 时，其入口工质压力响应没有延时。这一现象同样表明入口工质压力是否延时响应与直射辐射强度受到扰动的位置有关，当直射辐射强度扰动发生在集热器始端时，入口工质压力响应无延时；当直射辐射强度扰动发生的位置距离集热器始端越远时，入口工质压力响应延时时间越长。

由图 7.19（d）和（e）可知，喷水减温器前工质温度、流量响应趋势分别与集热器出口工质温度、流量响应趋势相同，仅在数值上有差别。由图 7.19（f）可知，条件 p、条件 q、条件 r 时直通模式槽式 DSG 系统喷水减温器前压力响应趋势相同。条件 p 时喷水减温器前压力响应有较小延时且变化幅值较大；条件 q 和条件 r 时喷水减温器前压力响应无延时，变化幅值较小，且逐渐稳定在相同值。这说明，直射辐射强度扰动发生在距离集热器入口较近的地方时，喷水减温器前压力变化的幅值会较大；在喷水减温器前压力响应的稳定值主要受发生在集热器出口附近的直射辐射强度扰动的影响。

7.3.2 给水流量扰动情况

1. 给水量增加 10% 时直通模式槽式 DSG 系统集热场各参数的动态响应

直通模式槽式 DSG 系统集热场给水流量阶跃增加 10%，其集热器出口处工质温度、流量响应以及入口工质压力响应如图 7.20 所示。图 7.20（a）所示为出口工质温度响应曲线。出口工质温度响应滞后约 268s，之后工质温度持续下降，最终达到一个稳定值。图 7.20（b）所示为出口工质流量响应曲线。出口工质流量响应滞后约 127s，并在 226s 左右小幅下降至 1.0186kg/s，之后持续上升，最后与给水流量达到新的平衡。

图 7.20（c）所示为入口工质压力响应曲线。入口工质压力在初始阶段快速上升，之后在 140～400s 之间上升速度变缓，之后继续上升至稳定值。图 7.20（d）和（e）分别是喷水减温器前工质温度响应曲线和喷水减温器前工质流量响应曲线，曲线趋势与集热器出口处相应响应曲线相同，区别在于延时不同。图 7.20（f）所示为喷水减温器前压力响应曲线。

2. 给水量增加 10% 时直通模式槽式 DSG 系统集热场出口参数传递函数

由图 7.20（a）可知，给水量阶跃扰动 10%（即 0.095kg/s）时出口蒸汽温度响应曲线具有高阶惯性的特点，这里选择三阶系统作为传递函数结构，给水量扰动下出口蒸汽温度传递函数为

$$W(s) = \frac{-2.929 \times 10^{-5} s - 1.465 \times 10^{-5}}{s^3 + 0.003458 s^2 + 2.811 \times 10^{-5} s + 1.886 \times 10^{-8}} e^{-268s} \tag{7.14}$$

由图 7.20（b）可知，给水量阶跃扰动 10%（即 0.095kg/s）时出口蒸汽流量响应曲

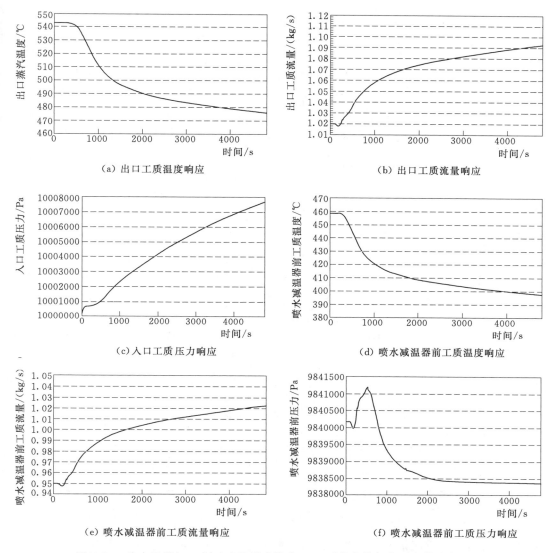

图 7.20 给水量增加 10％时直通模式槽式 DSG 系统集热场主要参数动态响应

线也具有高阶惯性的特点，这里同样选择三阶系统作为传递函数结构，给水量扰动下出口蒸汽流量传递函数为

$$W(s) = \frac{1.975 \times 10^{-5} s + 9.954 \times 10^{-6}}{s^3 + 0.1935 s^2 + 0.01944 s + 1.14 \times 10^{-5}} e^{-127 s} \tag{7.15}$$

7.3.3 喷水减温器喷水量扰动情况

1. 喷水量减少 10％时直通模式槽式 DSG 系统集热场各参数的动态响应

直通模式槽式 DSG 系统集热场喷水量阶跃减少 10％，其集热器出口工质温度响应、流量响应以及入口压力响应如图 7.21 所示。图 7.21（a）所示为出口工质温度响应曲线。出口工质温度响应有短暂延时，之后工质温度持续上升，最终达到一个稳定值。图 7.21

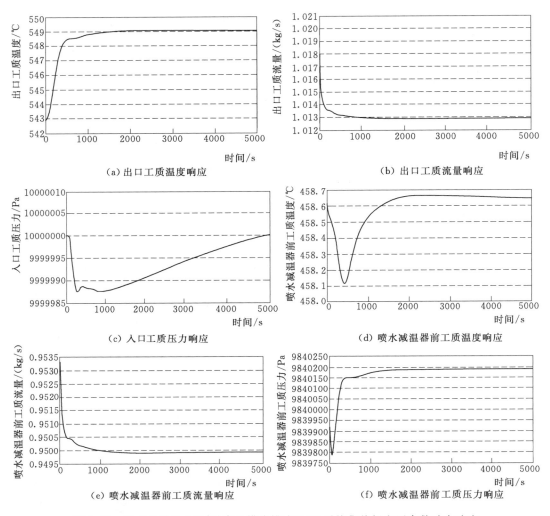

图 7.21　喷水量减少 10％时直通模式槽式 DSG 系统集热场主要参数动态响应

（b）所示为出口工质流量响应曲线。出口工质流量响应无延时，持续快速下降至 1000s 左右达到新的平衡。图 7.21（c）所示为入口压力响应曲线。入口压力在初始阶段有短暂延时，而后快速下降，之后在 295～1000s 之间小幅波动，之后继续上升至稳定值。图 7.21（d）～（f）所示分别为喷水减温器前工质温度、工质流量和工质压力响应曲线。

2. 喷水量减少 10％时直通模式槽式 DSG 系统集热场出口蒸汽温度传递函数

由图 7.21（a）可知，喷水量阶跃下降 10％（即 0.007kg/s）时，直通模式槽式 DSG 系统集热场出口蒸汽温度传递函数为

$$W(s)=\frac{0.005063s+0.001843}{s^5+2.9s^4+3.892s^3+0.05095s^2+0.0006624s+2.125\times10^{-6}} \tag{7.16}$$

第 8 章　再循环模式槽式 DSG 系统集热场模型与特性分析

再循环模式槽式太阳能直接蒸汽发电系统（再循环模式槽式 DSG 系统）是最保守、最安全的 DSG 槽式运行模式。本章根据其运行和结构特点，在 DSG 槽式集热器非线性分布参数模型基础上，建立再循环模式槽式 DSG 系统集热场非线性分布参数模型，并对其稳态特性和动态特性进行分析，仿真得出给水流量变化时集热场汽水分离器水位的传递函数以及喷水减温器喷水量变化时集热场出口蒸汽温度的传递函数，为设计和优化其控制系统打下基础。

8.1　再循环模式槽式 DSG 系统集热场模型

再循环模式槽式 DSG 系统回路如图 8.1 所示，其集热场由 DSG 槽式集热器（太阳能

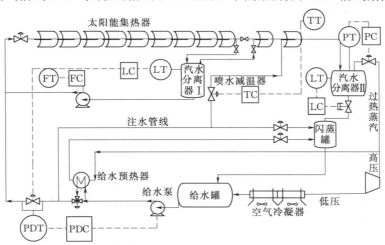

图 8.1　再循环模式槽式 DSG 系统回路示意图

TT—温度传感器；TC—温度控制回路；FT—流量传感器；FC—流量控制回路；

LT—液位传感器；LC—液位控制回路；PT—压力传感器；PC—压力控制回路；

PDT—压降传感器；PDC—压降控制回路

集热器）、喷水减温器和汽水分离器组成。其中，集热器由若干 DSG 槽式集热器组件组成。根据其结构特点，将汽水分离器之前的 DSG 槽式集热器部分称为 DSG 槽式集热器蒸发区，汽水分离器之后的 DSG 槽式集热器部分称为 DSG 槽式集热器过热区。通过汽水分离器从物理结构上将集热器的过热区与蒸发区分开，这种设计方案可以使直通模式中两相区结束位置管周高温差问题得到有效解决。

在再循环模式中，集热器蒸发入口的给水量大于蒸发量，其循环倍率大于 1。汽水分离器分离出的多余的水再循环至集热器入口处，与预热水混合。经汽水分离器分离出的干饱和蒸汽进入过热区后被加热为过热蒸汽。在过热区的最后一级集热器的入口安装喷水减温装置，用以调整集热器出口蒸汽温度。并把喷水减温器前的过热区称为过热区冷段，喷水减温器后的过热区称为过热区热段。该模式槽式 DSG 系统的可控性好、可靠性较高、较实用，但其缺点是超量的水必须再循环，汽水分离器以及循环泵带来的寄生负载会引起寄生能量损失。

本章建立再循环模式槽式 DSG 系统集热场模型的目的是要研究再循环模式槽式 DSG 系统集热场主要输入、输出参数之间的变化规律，因此可以将再循环模式槽式 DSG 系统集热场简化为太阳直射辐射强度、入口工质压力、出口工质流量及温度等几个输入和输出参数的关系。

根据再循环模式槽式 DSG 系统集热场的结构，本章将再循环模式槽式 DSG 系统集热场分为 DSG 槽式集热器、汽水分离器、喷水减温器三个子系统，采用非线性分布参数方法对其进行建模。其中对于 DSG 槽式集热器，同样采用第 6 章中建立的非线性分布参数模型；而对于汽水分离器和喷水减温器，采用非线性集总参数模型。

8.1.1 DSG 槽式集热器模型

根据第 6 章的建模可知，DSG 槽式集热器的非线性分布参数模型为

$$\frac{\partial P}{\partial \tau} = \frac{-\frac{\partial \rho}{\partial H}\left(Q_{2,\text{in}} - \dot{m}\frac{\partial H}{\partial y}\right) - \rho\frac{\partial \dot{m}}{\partial y}}{F\left(\frac{\partial \rho}{\partial H} + \rho\frac{\partial \rho}{\partial P}\right)} \tag{8.1}$$

$$\frac{\partial H}{\partial \tau} = \frac{\frac{\partial \rho}{\partial P}\left(Q_{2,\text{in}} - \dot{m}\frac{\partial H}{\partial y}\right) - \frac{\partial \dot{m}}{\partial y}}{F\left(\frac{\partial \rho}{\partial H} + \rho\frac{\partial \rho}{\partial P}\right)} \tag{8.2}$$

$$\dot{m} = \left(-\frac{\partial P}{\partial y}\frac{\pi^{1.75}D_{\text{ab,i}}^{4.75}\rho}{2^{2.5}\times 0.3165\varphi\eta^{0.25}}\right)^{\frac{1}{1.75}} \tag{8.3}$$

式中：P 为 DSG 槽式集热器金属管内工质压力；H 为金属管内工质比焓；$\dot{m}$ 为金属管内工质流量；ρ 为金属管内工质密度；η 为金属管内工质动力黏度；$Q_{2,\text{in}}$ 为单位时间内单位管长管壁金属向管内工质的放热量；F 为金属管内截面积；$D_{\text{ab,i}}$ 为金属管内径；φ 为 Martinelli-Nelson 两相乘子；τ 为时间；y 为沿管长方向长度。

当集热管内为单相工质时，ρ、η 分别是单相工质的密度和动力黏度，并且取 Martinelli-Nelson 两相乘子 $\varphi=1$；当集热管内是两相工质时，ρ、η 分别取工质全部为水时的

密度和动力黏度；Martinelli - Nelson 两相乘子 φ 由式（5.40）决定。

除上述式（8.1）~式（8.3）外，还需要闭合方程式（6.1）、式（6.2）、式（6.6）~式（6.8）、式（5.2）~式（5.5）、式（5.13）~式（5.36），上述各方程共同构成了 DSG 槽式集热器非线性分布参数模型的基本方程组。

8.1.2　汽水分离器模型

在再循环模式槽式 DSG 系统中，系统有两个汽水分离器，分别位于蒸发环节和过热环节的末端。蒸发环节末端的称为中间汽水分离器（middle steam seperator），过热环节末端的称为终端汽水分离器（final steam seperator）。再循环式槽式 DSG 系统正常工作时，中间汽水分离器主要起到汽水分离的作用，终端汽水分离器主要起到稳压和工质通道的作用；而在再循环模式槽式 DSG 系统启停时，中间汽水分离器不工作，终端汽水分离器起汽水分离作用。

在再循环模式槽式 DSG 系统升负荷过程中，为了使系统迅速达到设计工况，中间汽水分离器暂停使用，运行模式由再循环模式简化为直通模式：DSG 槽式集热器中的工质不断被太阳辐射加热，其出口的工质从未饱和水逐步变成饱和水、未饱和蒸汽、饱和蒸汽、过热蒸汽。当 DSG 槽式集热器出口工质为饱和水或未饱和蒸汽时，终端汽水分离器的工作状态为湿态；当出口工质为饱和蒸汽时，终端汽水分离器的工作状态为干湿态转换；当出口工质为过饱和蒸汽时，终端汽水分离器的工作状态为干态；当系统压力达到运行压力时，中间汽水分离器开始工作，其工作状态为湿态。在整个过程中，中间汽水分离器的工作状态为湿态，而终端汽水分离器的工作状态经历了湿态、干湿态转换、干态三个状态，并且三个状态是连续的。由于干湿态转换是分离器进入干态之前的一个很短的过程，因此这里将其简化为一个瞬间完成的过程，不做单独讨论。当再循环模式槽式 DSG 系统正常运行时，要求蒸发区的出口为未饱和汽水混合物，因此中间汽水分离器的工作状态为湿态；要求过热区出口为过饱和蒸汽，因此终端汽水分离器的工作状态为干态。当再循环式槽式 DSG 系统降负荷时，与升负荷过程相反。

综上所述，本书采用非线性集总参数方法对再循环模式槽式 DSG 系统中汽水分离器进行建模，根据能量守恒、质量守恒、状态方程等定律，从汽水分离器的具体结构和工作机理出发，建立了包含干态、湿态两个工作状态的汽水分离器非线性集总参数模型。

1. 汽水分离器物理模型

在再循环模式槽式 DSG 系统中，目前应用较多的是小型汽水分离器加储水罐的形式，该形式类似于一个小型汽包。本书将结构简化，汽水分离器的简化物理模型如图 8.2 所示，根据其工作原理做以下假设：

（1）假设分离器为有固定容积的空间，入口工质为蒸发区出口工质或过热区热段出口工质；出口工质为饱和水、饱和蒸汽或过饱和蒸汽。

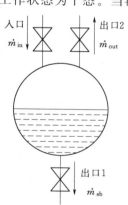

图 8.2　汽水分离器的
简化物理模型

$\dot{m}_{in}$—分离器进口水流量；
$\dot{m}_{out}$—分离器出口蒸汽流量；
$\dot{m}_{sb}$—分离器出口水流量

（2）假设分离器内各点工质的相应参数相同，且同步变化，即将分离器内工质按集总参数来处理。

（3）部分有效金属的温度与工质温度相同，且与工质温度同步变化。

（4）在蒸发区压力变化不大的条件下，工质内能的变化近似地等于焓的变化。

2. 汽水分离器湿态数学模型

（1）质量平衡方程为

$$\dot{m}_{in} - \dot{m}_{out} - \dot{m}_{sb} = \frac{d}{d\tau}(V'\rho' + V''\rho'') \tag{8.4}$$

式中：V'、V'' 分别为饱和水及饱和蒸汽容积；ρ'、ρ'' 分别为饱和水及饱和蒸汽密度。

（2）能量平衡方程为

$$\dot{m}_{in}H_{in} - \dot{m}_{out}H'' - \dot{m}_{sb}H' = \frac{d}{d\tau}(V'\rho'H' + V''\rho''H'' + M_{yx}c_{sj}t_{sj}) \tag{8.5}$$

式中：H_{in} 为分离器入口处蒸汽比焓；H'、H'' 分别为饱和水及饱和蒸汽比焓；c_{sj} 为分离器有效金属比热；t_{sj} 为分离器有效金属温度，此处，金属温度等于工质饱和温度即 $t_{sj} = t_{bh}$；M_{yx} 为分离器有效金属量。

分离器有效金属量 M_{yx} 可由下式得到

$$M_{yx} = \alpha M \tag{8.6}$$

式中：α 为有效金属系数，通常取为 0.6；M 为分离器的金属总质量。

（3）容积方程为

$$V' + V'' = V_s = \mathrm{const} \tag{8.7}$$

式中：V_s 为汽水分离器的总容积。

由式（8.7）可得

$$\frac{dV''}{d\tau} = -\frac{dV'}{d\tau} \tag{8.8}$$

（4）压力变动公式为

将质量平衡式（8.4）和能量平衡式（8.5）展开，并应用 $\dfrac{d}{d\tau} = \dfrac{\partial}{\partial P}\left(\dfrac{dP}{d\tau}\right)$ 的关系，整理出压力变动式为

$$\frac{dP_s}{d\tau} = \frac{\dot{m}_{in}H_{in} - \dot{m}_{out}H'' - \dot{m}_{sb}H' - \dfrac{\rho'H' - \rho''H''}{\rho' - \rho''}(\dot{m}_{in} - \dot{m}_{out} - \dot{m}_{sb})}{V'\left(\rho'\dfrac{\partial H'}{\partial P} + \dfrac{r\rho''}{\rho' - \rho''}\dfrac{\partial\rho'}{\partial P}\right) + V''\left(\rho''\dfrac{\partial H''}{\partial P} + \dfrac{r\rho'}{\rho' - \rho''}\dfrac{\partial\rho''}{\partial P}\right) + M_{yx}c_{sj}\dfrac{\partial t_{sj}}{\partial P}} \tag{8.9}$$

式中：r 为汽化潜热。

（5）分离器产汽量。当进入分离器的工质温度达到其压力下的饱和温度时，分离器中即有蒸汽产生，且产汽量 $\dot{m}_{cq}$ 为

$$\dot{m}_{cq} = \dot{m}_{in}x \tag{8.10}$$

式中：x 为进入分离器的工质的质量含汽率。

（6）分离器的水位方程。根据式（8.10）得产水量 $\dot{m}_{cs}$ 为

$$\dot{m}_{cs} = \dot{m}_{in}(1 - x) \tag{8.11}$$

根据分离器水侧质量平衡有

$$\dot{m}_{in}(1-x)-\dot{m}_{sb}=\frac{\mathrm{d}}{\mathrm{d}\tau}(\rho'V') \quad\quad (8.12)$$

由图 8.3 可知，分离器水空间的容积是水位的函数，即有

$$V'=V'(h) \quad\quad (8.13)$$

式中：h 为分离器中的水位。

根据式（8.11）～式（8.13），忽略 ρ' 的变化，可知分
离器的水位方程为

$$\frac{\mathrm{d}h}{\mathrm{d}\tau}=\frac{\dot{m}_{in}(1-x)-\dot{m}_{sb}}{\rho'\frac{\mathrm{d}V'}{\mathrm{d}h_1}} \quad\quad (8.14)$$

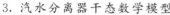

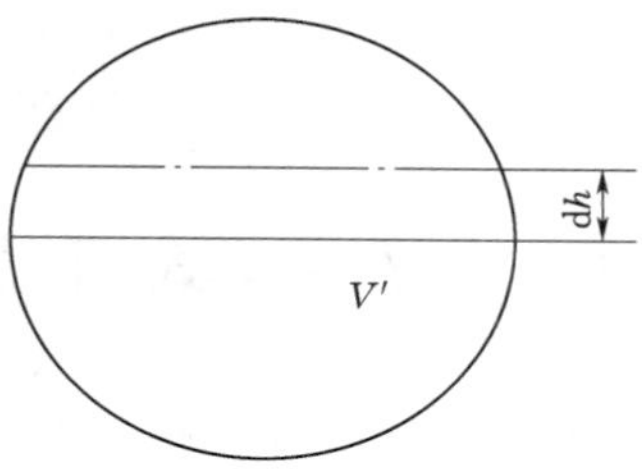

3. 汽水分离器干态数学模型

（1）质量平衡方程为

$$\dot{m}_{in}-\dot{m}_{out}=V_s\frac{\mathrm{d}\rho_s}{\mathrm{d}\tau} \quad\quad (8.15)$$

图 8.3　汽水分离器水位示意图

式中：ρ_s 为分离器内蒸汽的密度。

（2）能量平衡方程为

$$\dot{m}_{in}H_{in}-\dot{m}_{out}H_s=\frac{\mathrm{d}}{\mathrm{d}\tau}(V_s\rho_s H_s+M_{yx}c_{sj}t_{sj}) \quad\quad (8.16)$$

式中：H_s 为分离器内蒸汽比焓。

由式（8.15）和式（8.16），并应用 $\frac{\mathrm{d}}{\mathrm{d}\tau}=\frac{\partial}{\partial P}\left(\frac{\mathrm{d}P}{\mathrm{d}\tau}\right)$ 的关系，可以整理得到以分离器内蒸
汽压力 P_s 和比焓 H_s 为输出变量的基本方程组为

$$\begin{cases} \dfrac{\mathrm{d}P_s}{\mathrm{d}\tau}=\dfrac{\dot{m}_{in}-\dot{m}_{out}-V_s\dfrac{\partial\rho_s}{\partial H_s}\dfrac{\mathrm{d}H_s}{\mathrm{d}\tau}}{V_s\dfrac{\partial\rho_s}{\partial P_s}} \\[4mm] \dfrac{\mathrm{d}H_s}{\mathrm{d}\tau}=\dfrac{\dot{m}_{in}H_{in}-\dot{m}_{out}H_s}{V_s\rho_s+M_{yx}c_{sj}\dfrac{\partial t_{sj}}{\partial H_s}} \end{cases} \quad\quad (8.17)$$

8.1.3　喷水减温器模型

根据第 7 章建模结果可知，以喷水减温器出口处蒸汽压力 P_a 和比焓 H_a 为输出变量
的喷水减温器模型为

$$\dot{m}_a=\rho_a\frac{\dot{m}_{sw}\rho_{1s}+\dot{m}_{1s}\rho_{sw}}{\rho_{sw}\rho_{1s}}\xi \quad\quad (8.18)$$

$$\frac{\mathrm{d}P_a}{\mathrm{d}\tau}=\frac{\dot{m}_{sw}+\dot{m}_{1s}-\rho_a\dfrac{\dot{m}_{sw}\rho_{1s}+\dot{m}_{1s}\rho_{sw}}{\rho_{sw}\rho_{1s}}\xi}{V_a\dfrac{\mathrm{d}\rho_a}{\mathrm{d}P_a}} \quad\quad (8.19)$$

$$\frac{\mathrm{d}H_a}{\mathrm{d}\tau}=\frac{1}{V_a\rho_a}\left[\dot{m}_{sw}H_{sw}+\dot{m}_{1s}H_{1s}-(\dot{m}_{sw}+\dot{m}_{1s})H_a\right] \quad\quad (8.20)$$

其中
$$\xi = \frac{\rho_{\mathrm{ave}}}{\rho_{\mathrm{a}}} = \xi(\dot{m}_{\mathrm{sw}})$$

式中：P_{a}、H_{a}、$\dot{m}_{\mathrm{a}}$、ρ_{a} 分别为喷水减温器出口处蒸汽压力、比焓、流量、密度；$H_{1\mathrm{s}}$、$\dot{m}_{1\mathrm{s}}$、$\rho_{1\mathrm{s}}$ 分别为过热区冷段出口工质比焓、流量、密度；H_{sw}、$\dot{m}_{\mathrm{sw}}$、ρ_{sw} 分别为减温水比焓、流量、密度；ξ 为修正系数；ρ_{ave} 为减温器进口处两相流的平均密度值；V_{a} 为喷水减温器的容积；τ 为时间。

由于喷水减温器喷水量有限，因此在再循环模式槽式 DSG 系统正常运行时，可以认为喷水减温器出口的水在瞬间蒸发为饱和蒸汽。

8.2 再循环模式槽式 DSG 系统集热场模型验证

检验再循环模式槽式 DSG 系统集热场模型时，本章采用文献［94］的数据来验证上述模型的正确性。图 8.4 所示为再循环模式槽式 DSG 系统集热场典型管线简化设计方案。

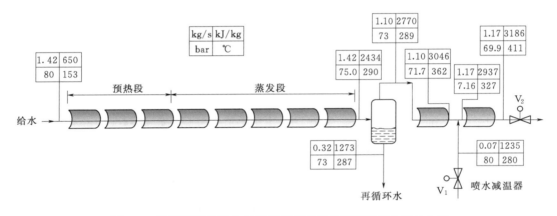

图 8.4　再循环模式槽式 DSG 系统集热场典型管线简化设计方案

文献［94］中采用的 ET‑100 型 DSG 槽式集热器南北向排列。集热器总管长 1000m，由 10 台 DSG 槽式集热器组件组成，其中 3 台用于预热工质、5 台用于蒸发、两台用于产生过热蒸汽；蒸发区与过热区之间由汽水分离器连接。每台聚光器净开口面积为 548.35m²，净长度为 98.5m，金属管内外径为 55/70mm，平均光学效率为 74%，太阳辐射入射角为 13.7°。集热管入口工质温度为 115℃，入口工质压力为 8MPa，入口工质流量为 1.42kg/s。喷水减温器流量为 0.07kg/s，焓值为 1235×10³J/kg。直射辐射强度为 875W/m²，环境温度为 20℃。表 8.1 给出了文献［56］的设计值与本书模型数值计算结果的对比情况。

由于系统在不受外界其他扰动的情况下，最终一定会达到一个稳定状态。因此首先采用稳态试验数据对系统动态模型进行验证。从表 8.1 可以看出，本书模型的计算结果与文献［56］比较，再循环模式槽式 DSG 系统集热场的各个环节的焓值、流量、温度均与文献［56］很接近。但各个环节的压力相差较多，而出口工质压力相差较多是因为文献［94］中给出的是 INDITEP 电站集热场管路沿线的设计值，考虑了局部压降等因素的原因。

表 8.1 数值计算结果与文献［94］结果比较

计 算 参 数	文献结果	本书计算结果	本书结果与实验结果误差/%
汽水分离器前温度/℃	290.00	291.68	0.58
汽水分离器前压力/MPa	7.50	7.63	1.73
汽水分离器前流量/(kg/s)	1.42	1.42	0
汽水分离器前焓值/(kJ/kg)	2434.00	2440.32	0.26
汽水分离器水出口温度/℃	287.00	291.68	1.63
汽水分离器水出口压力/MPa	7.30	7.63	4.52
汽水分离器水出口流量/(kg/s)	0.3200	0.3146	1.6900
汽水分离器水出口焓值/(kJ/kg)	1273.00	1299.10	2.05
汽水分离器蒸汽出口温度/℃	289.00	291.68	0.93
汽水分离器蒸汽出口压力/MPa	7.30	7.63	4.52
汽水分离器蒸汽出口流量/(kg/s)	1.1000	1.1054	0.4900
汽水分离器蒸汽出口焓值/(kJ/kg)	2770.00	2765.13	0.18
过热区冷段出口工质温度/℃	362.00	363.61	0.44
过热区冷段出口工质压力/MPa	7.17	7.58	5.72
过热区冷段出口工质流量/(kg/s)	1.1000	1.1054	0.4900
过热区冷段出口工质焓值/(kJ/kg)	3046.00	3045.09	0.03
喷水器出口工质温度/℃	327.00	331.02	1.23
喷水器出口工质压力/MPa	7.16	7.58	5.87
喷水器出口工质流量/(kg/s)	1.170	1.175	0.430
喷水器出口工质焓值/(kJ/kg)	2937.00	2937.29	0.01
出口工质温度/℃	411.00	417.63	1.61
出口工质压力/MPa	6.99	7.51	7.44
出口工质流量/(kg/s)	1.170	1.175	0.430
出口工质焓值/(kJ/kg)	3186.00	3198.46	0.39

其次，利用集热场模型动态仿真结果与 DISS 工程中的动态试验数据进行比较。由于文献［132］中所给的 DISS 工程的数据并不完善，因此模型仿真采用文献［105］的参数。尽管仿真所采用参数和试验所采用参数不同，但是从两者获得的出口蒸汽温度的动态变化趋势和形状仍可判断，模型是正确的，具体验证过程可参阅文献［133］。

8.3 再循环模式槽式 DSG 系统集热场稳态特性分析

对再循环模式槽式 DSG 系统集热场进行稳态特性分析时，采用模型验证中文献［94］的数据。由于电站中有喷水减温器这样的调节装置，因此在研究再循环模式槽式 DSG 系统的稳态特性时假设喷水减温器喷水量及焓值不变。

8.3.1　太阳直射辐射强度

直射辐射强度从 0～1000W/m² 变化时，再循环模式槽式 DSG 系统集热器蒸发区出口工质质量含汽率如图 8.5 所示。由图 8.5 可知，当直射辐射强度小于 372W/m² 时，蒸发区出口工质质量含汽率为 0。此情况时，工质全部是水，经过中间汽水分离器后没有蒸汽进入集热器的过热区冷段中，即再循环模式槽式 DSG 系统不在正常工作状态；当直射辐射强度介于 372～420W/m² 时，蒸发区出口工质质量含汽率虽然大于 0，中间汽水分离器中有少量蒸汽产生，但此时由于蒸汽量过少，不足以维持集热器过热区冷段的正常运行，因此再循环模式槽式 DSG 系统也不处于正常工作状态；当直射辐射强度大于 420W/m² 时，蒸发区出口工质质量含汽率随直射辐射强度增加而增大；当直射辐射强度为 1000W/m² 时，蒸发区出口工质质量含汽率为 0.969。因此，当直射辐射强度在 420～1000W/m² 范围内时，再循环模式槽式 DSG 系统可以正常运行。即每天早上当直射辐射强度大于 420W/m²时，系统可以开始运行。

直射辐射强度从 0～1000W/m² 变化时，集热器过热区冷段出口工质温度以及集热器出口工质温度如图 8.6 所示。由图 8.6 可知，过热区冷段出口工质温度和集热器出口工质温度都随直射辐射强度的增大而下降。值得一提的是，在直射辐射强度小于 450W/m² 时，过热区冷段出口工质温度高于集热器出口工质温度。这是由于此时直射辐射强度较小，过热区冷段中的蒸汽量很小，蒸汽在过热区冷段中很快被加热到较高的温度，而蒸汽从过热区冷段出来后，经过喷水减温器，流量增大、温度降低，而后经过的过热区热段不足以再次将蒸汽加热到过热区冷段出口那么高的温度。实际上这种情况也不应该发生在系统实际运行中，这可以为系统设计提供参考。

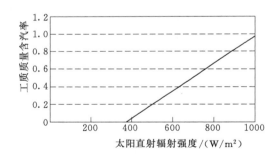

图 8.5　蒸发区出口工质质量含汽率随直射
辐射强度变化曲线

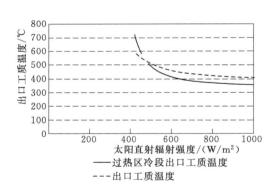

图 8.6　过热区冷段出口工质温度以及集热器
出口工质温度随直射辐射强度变化曲线

直射辐射强度从 0～1000W/m² 变化时，集热器过热区冷段出口工质压力和集热器出口工质压力如图 8.7 所示。由图 8.7 可知，过热区冷段出口工质压力和集热器出口工质压力都随直射辐射强度的增大而下降。

直射辐射强度从 0～1000W/m² 变化时，集热器过热区冷段出口工质流量和集热器出口工质流量如图 8.8 所示。由图 8.8 可知，过热区冷段出口工质流量和集热器出口工质流量都随直射辐射强度的增大而增大，且过热区冷段出口工质流量和集热器出口工质流量差值即为喷水减温器的喷水量。

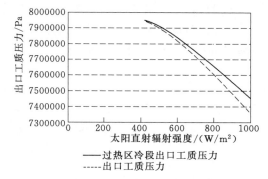

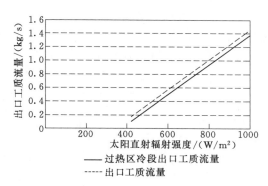

图 8.7　过热区冷段出口工质压力和集热器出口
工质压力随直射辐射强度变化曲线

图 8.8　过热区冷段出口工质流量和集热器
出口工质流量随直射辐射强度变化曲线

8.3.2　工质流量

入口工质流量从 0.8～2.8kg/s 变化时，再循环模式槽式 DSG 系统集热器蒸发区出口工质质量含汽率如图 8.9 所示。当入口工质流量为 0.8～1.2kg/s 时，再循环模式槽式 DSG 系统集热器蒸发区出口处的工质质量含汽率为 1.0，即蒸发区出口工质为过热蒸汽；当入口工质流量从 1.2kg/s 逐渐增大时，蒸发区出口处的工质质量含汽率逐渐减小，即蒸发区出口工质为汽水混合物；当入口工质流量大于 3.0kg/s 时，虽然蒸发区出口处的工质质量含汽率仍然大于 0，但此时工质经过中间汽水分离器产生的蒸汽量极少，已不足以维持系统过热区的正常运行，所以这里主要讨论入口工质流量从 0.8～2.8kg/s 变化的情况。

入口工质流量从 0.8～2.8kg/s 变化时，过热区冷段出口工质温度以及集热器出口工质温度如图 8.10 所示。当入口工质流量从 0.8kg/s 上升至 1.3kg/s 左右时，过热区冷段出口工质温度和集热器出口工质温度都呈下降趋势；而当入口工质流量从 1.3kg/s 逐渐上升时，过热区冷段出口工质温度和集热器出口工质温度都随之上升。

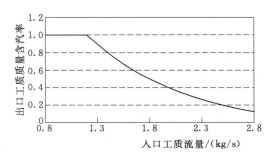

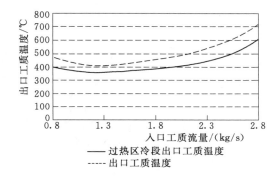

图 8.9　蒸发区出口工质质量含汽率
随入口工质流量变化曲线

图 8.10　过热区冷段出口工质温度以及集热器
出口工质温度随入口工质流量变化曲线

入口工质流量从 0.8～2.8kg/s 变化时，过热区冷段出口工质压力以及集热器出口工质压力如图 8.11 所示。压力随入口工质流量的变化与温度随入口工质流量的变化趋势相同。

入口工质流量从 0.8～2.8kg/s 变化时，过热区冷段出口工质流量以及集热器出口工质流量如图 8.12 所示。其变化趋势与工质温度随入口工质流量的变化趋势相反，过热区冷段出口工质流量以及集热器出口工质流量都在入口工质流量约 1.3kg/s 时达到最大值。

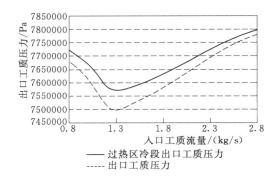

图 8.11　过热区冷段出口工质压力和集热器
出口工质压力随入口工质流量变化曲线

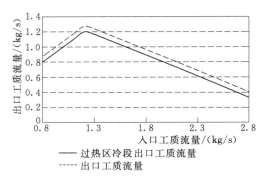

图 8.12　过热区冷段出口工质流量和集热器
出口工质流量随入口工质流量变化曲线

8.3.3　入口工质温度

入口工质温度从 80～280℃变化时，再循环模式槽式 DSG 系统集热器蒸发区出口工质质量含汽率如图 8.13 所示。当入口工质温度从 80～190℃变化时，再循环模式槽式 DSG 系统集热器蒸发区出口工质质量含汽率从 0.679 增加至 1.0，并呈直线上升趋势，此时蒸发区出口工质为汽水混合物，再循环模式槽式 DSG 系统处于正常工作状态；当入口工质温度大于 190℃时，再循环模式槽式 DSG 系统集热器蒸发区出口工质质量含汽率为 1.0，此时蒸发区出口工质逐渐变为过热蒸汽，因此再循环模式槽式 DSG 系统不处于正常工作状态。

入口工质温度从 80～280℃变化时，过热区冷段出口工质温度以及集热器出口工质温度如图 8.14 所示。当入口工质温度从 80～280℃变化时，过热区冷段出口工质温度以及集

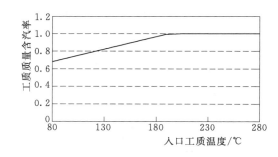

图 8.13　蒸发区出口工质质量含汽率
随入口工质温度变化曲线

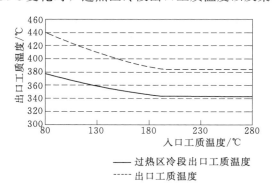

图 8.14　过热区冷段出口工质温度以及集热器
出口工质温度随入口工质温度变化曲线

热器出口工质温度都呈下降趋势。入口工质温度在 80～190℃ 区间内时，两个位置的工质温度下降都比较明显，但是当入口工质温度在 190～280℃ 区间内时，两个位置的工质温度下降幅度都很小。

入口工质温度从 80～280℃ 变化时，过热区冷段出口工质压力和集热场出口工质压力如图 8.15 所示。入口工质温度从 80～280℃ 变化时，过热区冷段出口工质压力和集热器出口工质压力均在逐渐下降，而且均是入口工质温度在 80～190℃ 范围内时下降得较快。

入口工质温度从 80～280℃ 变化时，过热区冷段出口工质流量和集热器出口工质流量如图 8.16 所示。入口工质温度从 80～190℃ 变化时，过热区冷段出口工质流量和集热器出口工质流量均呈线性上升趋势；而当入口工质温度大于 190℃ 时，过热区冷段出口工质流量和集热场出口工质流量均保持不变。

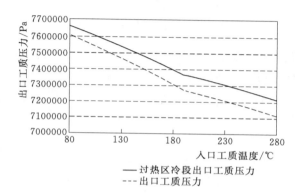

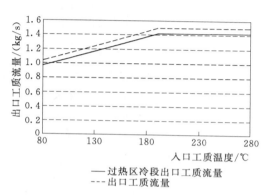

图 8.15　过热区冷段出口工质压力和集热器
出口工质压力随入口工质温度变化曲线

图 8.16　过热区冷段出口工质流量和集热器
出口工质流量随入口工质温度变化曲线

图 8.13～图 8.16 说明，在仿真数据条件下，当集热器入口工质温度大于 190℃ 时，再循环模式槽式 DSG 系统集热器蒸发区出口处已经是过热蒸汽，此时系统的运行模式已经相当于直通模式。因此在此仿真数据条件下，再循环模式 DSG 槽式器要求集热器入口工质温度不能高于 190℃，而且需要留有一定余度。

8.3.4　入口工质压力

入口工质压力从 3～10MPa 变化时，再循环模式槽式 DSG 系统集热器蒸发区出口工质质量含汽率如图 8.17 所示。当入口工质压力从 3～8MPa 变化时，再循环模式槽式 DSG 系统集热器蒸发区出口工质质量含汽率从 0.805 逐渐减少至 0.778；当入口工质压力大于 8MPa 时，集热器蒸发区出口工质质量含汽率随入口工质压力逐渐增大。

入口工质压力从 3～10MPa 变化时，过热区冷段出口工质温度以及集热器出口工质温度如图 8.18 所示。当入口工质压力从 3～10MPa 变化时，过热区冷段出口工质温度以及集热器出口工质温度都呈上升趋势。

入口工质压力从 3～10MPa 变化时，过热区冷段出口工质压力和集热器出口工质压力如图 8.19 所示。入口工质压力从 3～10MPa 变化时，过热区冷段出口工质压力和集热器出口工质压力均呈线性上升趋势。

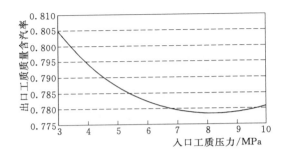

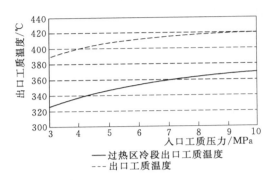

图 8.17　蒸发区出口工质质量含汽率
随入口工质压力变化曲线

图 8.18　过热区冷段出口工质温度以及集热器
出口工质温度随入口工质压力变化曲线

　　入口工质压力从 3~10MPa 变化时，过热区冷段出口工质流量和集热器出口工质流量如图 8.20 所示。入口工质压力从 3~8MPa 变化时，过热区冷段出口工质流量和集热器出口工质流量均逐渐下降，并都在入口工质压力为 8MPa 时达到最小值；当入口工质压力大于 8MPa 时，过热区冷段出口工质流量和集热器出口工质流量均逐渐上升。

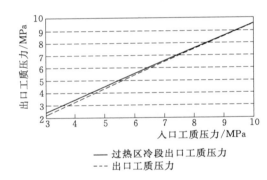

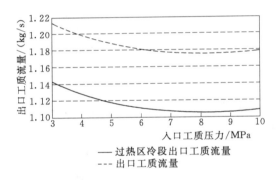

图 8.19　过热区冷段出口工质压力和集热器
出口工质压力随入口工质压力变化曲线

图 8.20　过热区冷段出口工质流量和集热器
出口工质流量随入口工质压力变化曲线

8.4　再循环模式槽式 DSG 系统集热场动态特性分析

　　根据再循环模式槽式 DSG 系统集热场的特点，本书选用入口工质温度、工质流量和出口工质压力作为边界条件，其初始条件根据稳态仿真计算得到。

　　在进行下述动态特性分析时同样采用文献［94］的数据。做动态特性分析时，除要分析的参数外，其他参数保持不变。根据再循环模式槽式 DSG 系统的特点，选择太阳直射辐射强度、给水量和喷水量等 3 种扰动，对系统主要参数在各扰动工况下的动态响应进行仿真计算分析。

8.4.1 太阳直射辐射强度扰动情况

1. 太阳直射辐射强度阶跃降低10%

全集热器范围内太阳直射辐射强度阶跃降低10%时，再循环模式槽式 DSG 系统集热器出口工质温度、工质流量、汽水分离器入口工质质量含汽率、汽水分离器蒸汽流量、产水量和水位随直射辐射强度变化的响应如图 8.21 所示。

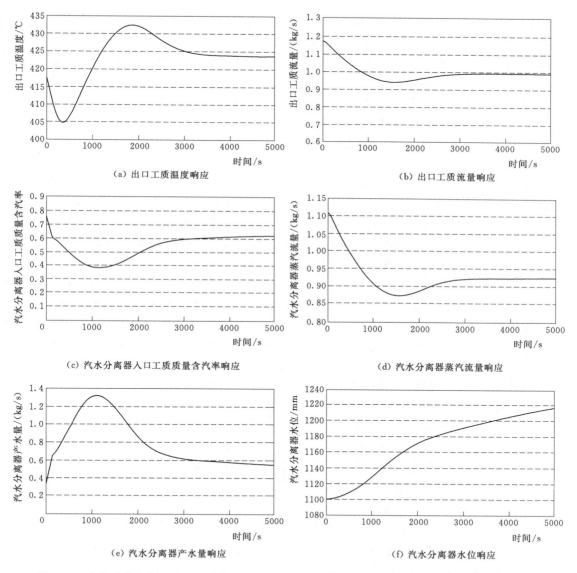

图 8.21　太阳直射辐射强度阶跃降低 10%时再循环模式槽式 DSG 系统集热场主要参数动态响应

由图 8.21（a）可知，全集热器范围内太阳直射辐射强度阶跃降低 10%时，再循环模式槽式 DSG 系统集热器出口工质温度呈先下降再上升，再回落并逐渐趋于稳定的趋势。

当整个集热器范围内太阳直射辐射强度阶跃下降时，初始阶段集热器出口工质温度受集热器过热区接收太阳直射辐射强度下降的影响，工质温度先下降；而后由于集热器蒸发区接收太阳直射辐射强度下降，导致集热器蒸发区出口处工质质量含汽率降低，并且集热器蒸发区管路沿线压力下降，压降下降，集热器蒸发区出口工质流量下降，汽水分离器蒸汽出口流量减少，集热器出口蒸汽温度升高；随着时间的增加，集热器蒸发区出口工质流量重新回到稳定值，汽水分离器蒸汽出口流量略有回升，集热器出口蒸汽温度略有下降并逐渐稳定。

由图8.21（b）可知，全集热器范围内太阳直射辐射强度阶跃降低10％时，再循环模式槽式DSG系统集热器出口工质流量呈先下降再上升并逐渐趋于稳定的趋势。当整个集热器范围内太阳直射辐射强度均阶跃下降时，初始阶段集热器出口工质流量受集热器过热区接收太阳直射辐射强度下降的影响，过热区管路沿线压力下降，压降下降，工质流量下降；而集热器蒸发区太阳直射辐射强度下降导致集热器蒸发区出口工质流量和质量含汽率下降，这两个参数的下降都使集热器出口工质流量继续下降；随着时间的增加，集热器蒸发区出口工质流量重新回到稳定值，集热器出口工质流量也略有回升并逐渐稳定。

由图8.21（c）可知，全集热器范围内太阳直射辐射强度阶跃降低10％时，再循环模式槽式DSG系统汽水分离器入口工质质量含汽率呈先下降再上升并逐渐趋于稳定的趋势。当集热器蒸发区太阳直射辐射强度下降时，集热器蒸发区出口工质质量含汽率下降；而且集热器蒸发区太阳直射辐射强度的下降会导致蒸发区管路沿线压力下降，压降下降，集热器蒸发区出口处工质流量下降，由于集热器入口流量并没有改变，因此一段时间内集热器蒸发区内的工质质量会增加，从而使集热器蒸发区出口工质质量含汽率进一步下降。随着时间的增加，集热器蒸发区的工质流量趋于稳定，蒸发区出口工质质量含汽率也略有增加而趋于稳定。

由图8.21（d）可知，全集热器范围内太阳直射辐射强度阶跃降低10％时，再循环模式槽式DSG系统汽水分离器蒸汽流量呈先下降再上升并逐渐趋于稳定的趋势。

由图8.21（e）可知，全集热器范围内太阳直射辐射强度阶跃降低10％时，再循环模式槽式DSG系统汽水分离器产水量呈先上升再下降并逐渐趋于稳定的趋势。这与汽水分离器蒸汽流量的响应曲线正好相反。

由图8.21（f）可知，全集热器范围内太阳直射辐射强度阶跃降低10％时，再循环模式槽式DSG系统汽水分离器水位呈持续上升趋势。从图8.20（f）可知，太阳直射辐射强度对汽水分离器水位响应为高阶惯性环节和无自平衡环节的组合。

2.局部管长范围太阳直射辐射强度阶跃降低10％

局部管长范围太阳直射辐射强度扰动时，考虑以下3种情况：

情况一：假设再循环模式槽式DSG系统集热器入口100m（即初始条件下处于热水区的一段管段）内受到遮挡，该管段太阳直射辐射强度阶跃降低10％，保持循环流量不变，汽水分离器水出口工质流量不变（假设此为条件s）。

情况二：再循环模式槽式DSG系统集热器距离入口处500～600m（即初始条件下处于两相区的一段管段）范围内受到遮挡，该管段太阳直射辐射强度阶跃降低10％，保持循环流量不变，汽水分离器水出口工质流量不变（假设此为条件 t）。

情况三：再循环模式槽式 DSG 系统集热器距离入口处 900～1000m（即初始条件下处于干蒸汽区的一段管段）范围内受到遮挡，该管段太阳直射辐射强度阶跃降低 10%，保持循环流量不变，汽水分离器水出口流量不变（假设此为条件 u）。

局部太阳直射辐射强度阶跃降低 10% 时，再循环模式槽式 DSG 系统集热器出口工质温度、工质流量，汽水分离器入口工质质量含汽率，汽水分离器出口工质流量、产水量和水位随太阳直射辐射强度变化的响应如图 8.22 所示。

由图 8.22（a）可知，条件 s 时集热器出口工质温度响应约有 500s 的长时间延时，条

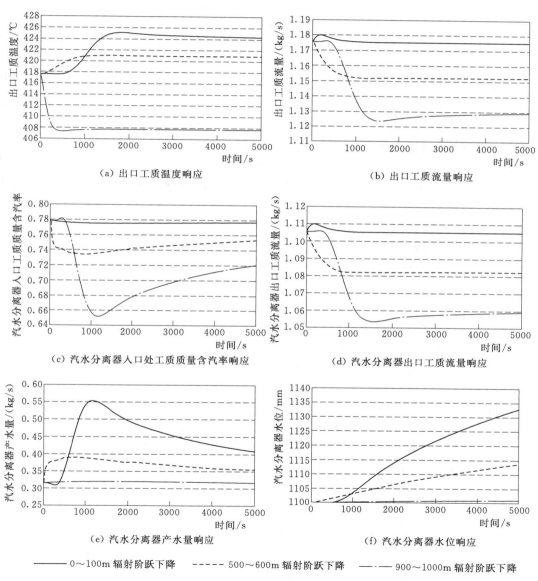

（a）出口工质温度响应　　　　　　　（b）出口工质流量响应

（c）汽水分离器入口处工质质量含汽率响应　　（d）汽水分离器出口工质流量响应

（e）汽水分离器产水量响应　　　　　　　（f）汽水分离器水位响应

—— 0～100m 辐射阶跃下降　　---- 500～600m 辐射阶跃下降　　—·— 900～1000m 辐射阶跃下降

图 8.22　局部直射辐射强度阶跃降低 10% 时再循环模式槽式 DSG 系统集热场主要参数动态响应

件 t 时出口工质温度响应延时很短，条件 u 时响应无延时。条件 s 和条件 t 时出口工质温度增加，且条件 s 时的变化幅值大于条件 t 时；条件 u 时出口工质温度下降，且下降速度很快，幅值很大，且很快达到稳定。

这说明当太阳直射辐射强度的降低发生在集热器蒸发区时，集热器出口工质温度会由于蒸发区出口工质含汽率的减少而增高，而且太阳直射辐射强度变化发生在热水区的影响更剧烈；集热器出口工质温度对发生在集热器过热区的太阳直射辐射强度变化非常敏感且很快达到新的平衡。

由图 8.22（b）可知，条件 s 时集热器出口工质流量延时 180s 响应，条件 t 时出口工质温度响应延时很短，条件 u 时响应无延时。条件 s 时出口工质流量在初始阶段有小幅上升，而后快速下降并逐渐达到稳定值，变化幅值很大；条件 t 时出口工质流量持续下降，并较快达到稳定，变化幅值较小；条件 u 时出口工质流量小幅波动后，较快恢复到初始值。

这说明当太阳直射辐射强度的降低发生在集热器蒸发区时，集热器出口工质流量会由于蒸发区出口工质含汽率的减少而减少，而且热水区的太阳直射辐射强度变化对其出口工质流量的影响更明显；当太阳直射辐射强度的降低发生在集热器过热区时，集热器出口工质流量的小幅变化由太阳直射辐射强度变化导致的管路沿线压力变化引起。

由图 8.22（c）可知，条件 s 时汽水分离器入口工质质量含汽率响应有 160s 左右的明显延时，而后在小幅上升后快速下降，并在 1200s 后逐渐回升至稳定值；条件 t 时工质质量含汽率响应延时很短，响应变化趋势与条件 s 时相同；条件 u 时工质质量含汽率响应有短暂延时，响应随时间微弱下降。

条件 s 和条件 t 时，在初始阶段，太阳直射辐射强度的减少导致蒸发区管路沿线压力以及压降的下降，从而使蒸发区出口工质流量下降，蒸发区出口工质质量含汽率略微上升。由于集热器入口流量不变，因此集热器蒸发区内工质增多，导致蒸发区出口工质质量含汽率快速下降，而且管路沿线的压力下降也会导致蒸发区工质膨胀，因此导致集热器蒸发区出口工质流量在一段时间内会持续增大，蒸发区出口工质质量含汽率继续下降，当沿线压力变化导致的影响逐渐消失时，集热器蒸发区出口工质流量逐渐减小至入口流量值，蒸发区出口工质质量含汽率也会逐渐增大并稳定。

由图 8.22（d）可知，汽水分离器出口工质流量响应变化趋势与集热器出口蒸汽流量响应变化趋势基本一致。需要注意的是，汽水分离器出口工质流量的变化受到集热器蒸发区出口工质流量及其质量含汽率的双重影响。

由图 8.22（e）可知，汽水分离器产水量响应变化趋势与汽水分离器入口处工质质量含汽率的变化趋势正好相反。

由图 8.22（f）可知，条件 s 时汽水分离器水位延迟约 580s 响应，而后水位呈持续上升趋势，上升速度较大。

条件 s 时太阳直射辐射强度对汽水分离器水位响应为高阶惯性环节和无自平衡环节的组合。条件 t 时集热场汽水分离器水位响应约有 15s 的延迟，而后呈持续上升趋势，上升速度比条件 s 时慢。条件 u 时集热场汽水分离器水位缓慢上升。

8.4.2 给水流量扰动情况

1. 给水量增加 10％时再循环模式槽式 DSG 系统集热场各参数的动态响应

保持循环水量不变，集热器给水量增加 10％时，再循环模式槽式 DSG 系统集热器出口工质温度、工质流量，汽水分离器入口工质质量含汽率，汽水分离器出口工质流量、产水量和水位随直射辐射强度变化的响应，如图 8.23 所示。

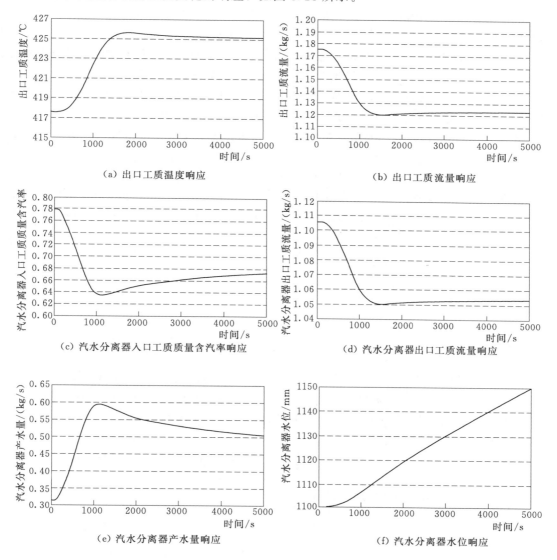

（a）出口工质温度响应   （b）出口工质流量响应

（c）汽水分离器入口工质质量含汽率响应 （d）汽水分离器出口工质流量响应

（e）汽水分离器产水量响应   （f）汽水分离器水位响应

图 8.23 给水量阶跃上升 10％时再循环模式槽式 DSG 系统集热场主要参数动态响应

图 8.23（a）所示为集热器出口工质温度响应。由图 8.23（a）可知，集热器出口工质温度延迟 230s 左右响应，响应趋势与位于集热器入口附近的局部太阳直射辐射强度发生变化时出口工质温度的响应趋势基本相同。

两者区别仅在初始阶段，局部太阳直射辐射强度发生变化时集热器出口工质温度微弱向下波动后再上升，而给水流量发生变化时出口工质温度在延迟后直接上升。两者响应曲线的区别是因为局部太阳直射辐射强度下降导致局部管段压力下降，而给水量增加则导致局部管段压力上升。

图 8.23（b）所示为集热器出口工质流量响应。由图 8.23（b）可知，集热器出口工质流量延迟 150s 左右响应，而后出口工质流量持续下降至最低点，再缓慢上升至逐渐稳定，响应趋势与位于集热器入口附近的局部太阳直射辐射强度发生变化时出口工质流量的响应趋势基本相同。

两者区别仅在初始阶段，局部太阳直射辐射强度发生变化时集热器出口工质流量微弱向上波动后再下降，而给水流量发生变化时出口工质流量在延迟后直接下降。

图 8.23（c）～（e）所示 3 个响应与集热器入口局部太阳直射辐射强度发生变化时出口参数的响应趋势基本相同，区别也在于初始阶段有微弱波动。

图 8.23（f）为汽水分离器水位响应。汽水分离器水位响应为高阶惯性环节和无自平衡环节的组合。

2. 给水量增加 10％时再循环模式槽式 DSG 系统汽水分离器水位传递函数

由图 8.23（f）可知，给水量阶跃扰动 10％（即 0.11kg/s）时汽水分离器水位响应曲线是一个无自平衡特性的多容环节，由积分环节和惯性环节串联组成。其传递函数形式为

$$W(s) = \frac{h(s)}{D(s)} = \frac{1}{T_a s (1 + T_0 s)^n} \tag{8.21}$$

$$T_a = \frac{x_0}{y_h} \tau_a \tag{8.22}$$

$$T_0 = \frac{\tau_a}{n} \tag{8.23}$$

$$n \approx \frac{1}{2\pi} \left(\frac{y_h}{y_0} \right) - \frac{1}{6} \tag{8.24}$$

式中：T_a 为积分时间；n 为串联环节个数；T_0 为每个串联环节的等效时间常数。

T_a、n、T_0 可由作图法求出。其方法是：把曲线后部的直线段向下延伸，与时间（τ）轴和水位（y）轴分别相交于 τ_a 和 y_h，τ_a 点所对应的 y 轴上的距离为 y_a。根据 τ_a、y_h、y_a 数值，可按式（8.22）～式（8.24）求出 T_a、n、T_0。

这里根据图 8.23（f）可知，$\tau_a = 500s$，$n \approx 5$，$T_a = \frac{x_0}{y_h} \tau_a = 9.87$。

由于算出的 $n \geq 3$，则其传递函数可简化为

$$W(s) = \frac{h(s)}{D(s)} = \frac{1}{T_a s} e^{-\tau_0 s} \tag{8.25}$$

其中
$$\tau_0 = \tau_a$$

因此，该算例中汽水分离器水位的传递函数为

$$W(s) = \frac{h(s)}{D(s)} = \frac{0.1013}{s} e^{-500s} \tag{8.26}$$

这里需要说明的是，由于没有 INDITEP 电站汽水分离器的具体数据，这里无法精确算出汽水分离器水位的动态模型，只能给出一个参考模型。

8.4.3 喷水减温器喷水量扰动情况

1. 喷水量阶跃下降10%时再循环模式槽式DSG系统集热场各参数的动态响应

再循环模式槽式DSG系统喷水量阶跃减少10%时，其集热器出口工质温度、工质流量响应如图8.24所示。

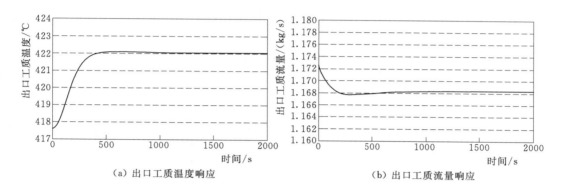

（a）出口工质温度响应   （b）出口工质流量响应

图8.24 喷水量阶跃下降10%时再循环模式槽式DSG系统集热场主要参数动态响应

图8.24（a）所示为集热器出口工质温度响应曲线。喷水量阶跃减少后，集热器出口工质温度持续上升，最终达到一个稳定值。

图8.24（b）所示为集热器出口工质流量响应曲线。集热器出口工质流量快速下降至300s左右逐渐达到新的平衡。

2. 喷水量阶跃下降10%时再循环模式槽式DSG系统出口蒸汽温度传递函数

由图8.24（a）可知，喷水量阶跃下降10%（即0.007kg/s）时再循环模式槽式DSG系统集热器出口蒸汽温度响应曲线是一个高阶惯性环节。其传递函数可以近似为

$$W(s)=\frac{T(s)}{D(s)}=k\,\frac{\mathrm{e}^{-\tau_0 s}}{(1+T_0 s)^2} \tag{8.27}$$

式中：τ_0 为高阶惯性环节的等效延迟时间。

用选点法求取 τ_0 和 T_0。具体方法是：在图中作两条水平线，其高度分别为 $y_1=0.4y(\tau\rightarrow\infty)$ 和 $y_2=0.8y(\tau\rightarrow\infty)$。根据他们与曲线的交点分别读出 τ_1 和 τ_2。计算 τ_0 和 T_0 的计算式为

$$T_0=\frac{\tau_2-\tau_1}{1.78} \tag{8.28}$$

$$\tau_0=\tau_1-1.22T_0 \tag{8.29}$$

利用上述方法，求得 $y(0)=417.6282$，$y(\infty)=422.0401$，$y_1=419.39296$，$y_2=421.15772$，$\tau_1=130$，$\tau_2=241.5$，并将其代入式（8.28）和式（8.29）得

$$T_0=\frac{\tau_2-\tau_1}{1.78}=62.64$$

$$\tau_0 = \tau_1 - 1.22 T_0 = 53.58$$

$$k = \frac{y(\infty) - y(0)}{x_0} = 630.2714$$

则出口蒸汽温度传递函数为

$$W(s) = \frac{T(s)}{D(s)} = 630.2714 \frac{e^{-53.58s}}{(1 + 62.64s)^2} = \frac{0.1606}{0.0002549 + 0.031933s + s^2} e^{-53.58s} \quad (8.30)$$

第 9 章

再循环模式槽式 DSG 系统控制研究

在太阳能热发电系统中，能源的来源是太阳辐射，由于太阳辐照度不可控，因此在太阳能热发电系统的控制中，太阳辐射是作为主要扰动存在的。而且槽式 DSG 系统中集热器内存在两相流转化过程，因此槽式 DSG 系统的控制问题较为复杂。本章针对目前应用较多的再循环模式槽式 DSG 系统，利用前面章节仿真得到的动态特性和传递函数，对全厂运行控制策略、汽水分离器水位以及集热场出口蒸汽温度的控制方法进行研究。

9.1　全厂运行控制策略

全厂运行控制的出发点立足于具有一定太阳辐射强度的晴好天气，集中控制的基本思路是根据太阳辐射强度的变化和电网调度指令等，控制过程涵盖一天中的机组启动、正常运行、滑压停机等运行过程。正常运行时，按照可用实时太阳辐射强度调整运行工况和输出功率，可以运行在非额定工况。控制模式分为手动调节运行和晴朗天气条件下的自动运行。

1. 启动开机

上午某时刻，太阳辐射强度达到电站最低预热运行状态要求时，主控系统指令各子控系统进入预备状态，聚光器投运。由于在启动过程中系统不产生电能，因此总是希望启动过程越短越好，因此在启动过程中关闭中间汽水分离器的进水阀和出气阀，使工质在整个管路中循环，给蓄热系统充热，直至工质压力达到设定出口参数；当出口工质参数达到设定值时，中间汽水分离器投运，最后两节集热器作为过热区，启动汽轮发电机组达到稳定运行状态。在机组启动过程中，再循环泵和给水泵采用自动控制形式，其他控制器手动控制。

2. 正常运行

机组启动结束时，电厂已经处在正常运行模式下，全部控制器转为自动控制。此后根据实时太阳辐射强度，控制工质流量，保持集热场出口蒸汽参数恒定。

出现诸如云遮现象使太阳辐射强度骤降时，则从当前运行工况进入滑压运行模式。滑压运行中，若云遮现象消失，则从当时的滑压工况逐渐恢复运行，否则滑压至停机。

3. 滑压停机

傍晚时分或者云遮持续时间很长时，电厂已经处于最小稳定运行状态，当工质流量减少至最小可用流量时，进入滑压运行模式至停机。

4. 紧急关机

除上述 3 个典型的运行控制过程外，当出现异常情况时，需进行紧急关机。

9.2　再循环模式槽式 DSG 系统汽水分离器水位控制

汽水分离器水位实际指的是与汽水分离器相连的储水罐水位，因为本书将汽水分离器和储水罐看做一个整体，因此这里简称为汽水分离器水位。汽水分离器水位是再循环模式槽式 DSG 系统集热器运行过程中一个重要的监控参数，它间接反映了集热器负荷和给水量之间的平衡关系，维持汽水分离器水位在规定范围内是保证集热器安全运行的必要条件。汽水分离器水位过高，会影响汽水分离装置的正常工作，造成出口蒸汽水分过多而使集热器过热区管壁结垢，容易烧坏过热区集热器。同时，出口蒸汽水分过多也会使过热蒸汽温度急剧下降，直接影响设备的安全运行。汽水分离器水位过低，说明汽水分离器储水罐内的水量较少，当负荷很大时，水的汽化速度加快，则汽水分离器内的水位变化速度也随之加快，如不及时调节，就可能使汽水分离器内的水全部汽化而导致管路烧坏，甚至引起爆炸。因此，在集热器蒸汽负荷变化和光功率热负荷随时可能变化的情况下，汽水分离器水位必须严加控制。

9.2.1　PID 控制器算法原理

在工业控制中，比例–积分–微分（Proportional，Integral and Differential，PID）控制是一种经典的控制方法。尽管目前控制领域中出现了各种新型控制理论和控制算法，但 PID 控制还是以其技术成熟、算法简单、可靠性好、鲁棒性强等特点，被广泛应用于工业自动控制领域。

PID 控制是将偏差的比例、积分和微分三者通过线性组合构成控制量，对被控对象进行控制的方法，其控制原理图如图 9.1 所示。图 9.1 虚线框内为 PID 控制器，被控对象是包含了执行器、被控对象、传感、测量装置的广义过程特性，$r(t)$ 为设定值，$u(t)$ 为控制量，$y(t)$ 为被调量，$d(t)$ 为扰动输入。PID 控制器主要包括比例控制、积分控制和微分控制 3 个控制作用。PID 控制在实际应用中也有 PI 和 PD 控制。

比例控制只改变信号的增益。加大控制器增益 K_p，可以提高系统的开环增益，加快系统的响应，但会有余差出现。过大的 K_p 会导致系统有比较大的超调，并产生振荡，降低系统的相对稳定性。

积分控制主要用于消除静差，提高系统的无差度。但与此同时积分控制也会导致使振幅缓幅衰减甚至使振幅不断增加的振荡响应。积分控制很少单独使用，一般是作为比例调节的辅助部分参与控制。积分作用的强弱取决于积分时间 T_i，T_i 越大，积分作用越弱，反之则越强。

微分控制能反映偏差信号的变化趋势（变化速率），并能在偏差信号值变得太大之前，

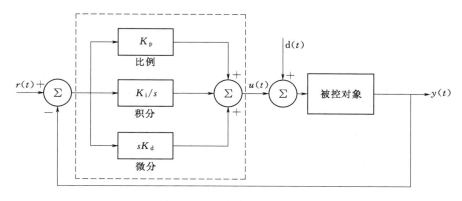

图 9.1　PID 控制回路原理图

在系统中产生一个有效的早期修正信号，从而加快系统的动作速度，减小动态偏差，减少调节时间，提高系统稳定性。但过大的微分环节会引起振荡。它也很少单独使用，而是作为辅助调节作用。微分时间 T_d 越大，微分作用越强。

　　PID 控制器是一种线性反馈控制器，它根据实际输出值 $y(t)$ 与设定值 $r(t)$ 的偏差来作用。PID 控制规律为

$$u(t) = K_p \left[e(t) + \frac{1}{T_i} \int_0^t e(t) \, \mathrm{d}t + T_d \frac{\mathrm{d}e(t)}{\mathrm{d}t} \right] \tag{9.1}$$

其中
$$e(t) = r(t) - y(t)$$

式中：K_p、T_i、T_d 分别为比例增益、积分和微分时间。

　　离散化后的控制作用可表示为

$$u(t) = K_p e(t) + \frac{K_p T_0}{T_i} \sum_{i=0}^k e(k) + \frac{T_d K_p}{T_0} \left[e(k) - e(k-1) \right] \tag{9.2}$$

其中
$$K_i = \frac{K_p T_0}{T_i}; \quad K_d = \frac{T_d K_p}{T_0}$$

式中：T_0 为采样周期；K_i 为积分增益；K_d 为微分增益。

　　则式（9.2）可表示为

$$u(t) = K_p e(t) + K_i \sum_{i=0}^k e(k) + K_d \left[e(k) - e(k-1) \right] \tag{9.3}$$

9.2.2　PID 参数整定方法

　　PID 控制器的参数整定是指在控制器规律已经确定为 PID 形式的情况下，通过调整 PID 控制器参数，使得被控对象、控制器等组成的控制回路的动态特性满足期望的指标要求，达到理想的控制目标。它根据被控过程的特性确定 PID 控制器的比例增益、积分时间和微分时间的大小。PID 控制器参数整定的方法很多，归纳起来可以分成基于模型的整定方法、基于输出响应特征参数的整定方法和智能整定方法。

　　基于模型的整定方法是指先利用辨识方法获得系统的数学模型，在此基础上，用整定方法对 PID 控制器参数进行整定。此类整定方法中最基本的是 Ziegler - Niehols 经验公式法。该方法是根据大多数工业过程都能用一阶惯性加纯滞后模型描述的特性，利用经验获得。

基于输出响应特征参数的整定方法主要是通过基于 Nyquist 曲线上的一个特征参数知识来进行参数整定，比较著名的方法是 Z-N 临界比例度法。此方法将对象与比例 PID 控制器接成闭环，将 PID 控制器的积分和微分作用先去掉，仅留下比例作用，然后在系统中加入一个扰动，如果系统响应是衰减的，则需要增大控制器的比例增益 K_p 重做实验；相反如果系统响应的振荡幅度不断增大，则需要减小 K_p。实验的最终目的是要使闭环系统做临界等幅周期振荡，此时的比例增益 K_p 称为临界增益，记为 K_u；而此时系统的振荡周期被称为临界振荡周期，记为 T_u。临界比例度法就是利用 K_u 和 T_u 由经验公式求出 P、PI 和 PID 这 3 种控制器的参数整定值。

智能整定方法就是将模糊算法、神经网络、遗传算法等智能算法应用于 PID 控制器参数的整定工作中，使整个整定过程具有自适应、逻辑思维能力，从而实现参数高效、快速、最优整定。

9.2.3　PID 控制方案及仿真结果

针对再循环模式槽式 DSG 系统汽水分离器水位的控制，采用 DISS 电站所采用的抗积分饱和 PI 控制方案对汽水分离器水位进行控制。

DISS 电站抗积分饱和 PI 控制方案采用的是单反馈控制回路，如图 9.2 所示。其中，y_r 为设定值，$y_m(t)$ 为被控量或过程量，$e(t)$ 为信号间的误差，$m(t)$ 为控制信号。

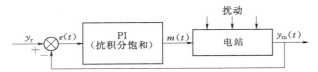

图 9.2　再循环模式槽式 DSG 系统单回路反馈控制结构

这里采用第 8.4.2 节得到的再循环模式槽式 DSG 系统汽水分离器水位传递函数作为研究对象，该传递函数为

$$W(s) = \frac{h(s)}{D(s)} = \frac{0.1013}{s} e^{-500s} \tag{9.4}$$

根据 PID 控制器参数整定方法得到 $K_p = 0.01$，$T_i = 2500$。图 9.3 和图 9.4 所示分别为再循环模式 DSG 槽式电站汽水分离器水位响应以及集热场入口给水量。此时，增益裕度为 3.127，相位裕度为 103.214。其中，w 为水位设定值，y 为汽水分离器水位。

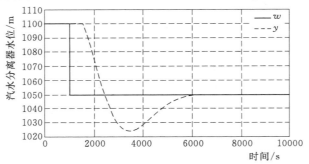

图 9.3　再循环模式 DSG 槽式电站汽水分离器水位

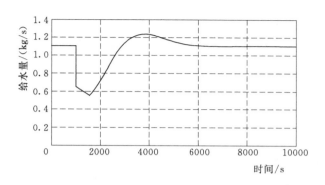

图 9.4　再循环模式 DSG 槽式电站集热场入口给水量

9.3　再循环模式槽式 DSG 系统集热器出口蒸汽温度控制策略

由于太阳的辐照度具有较大的随机性和不可控性，它既可能缓慢变化（随太阳东升西落变化以及由灰尘导致的镜面反射率的变化），也可能快速变化（如随云遮变化），而且槽式 DSG 系统集热器在运行中存在复杂的两相流转化过程，因此集热器出口蒸汽温度的稳定性是槽式系统安全可靠运行的重要控制目标。

对于再循环模式槽式 DSG 系统的集热器出口蒸汽温度控制策略，国内尚未见公开发表的相关研究成果，而国外已采用的主要是经典的比例-积分（PI）控制方法。但由于该控制对象变化过程具有大滞后、大惯性、参数时变等特点，因此，经典的 PI 控制方法较难达到预期的良好控制效果。

考虑到预测控制对大时滞、大惯性系统具有良好的控制性能，而多模型控制是一种处理复杂系统的有效控制方法，尤其对于不确定性系统，可提高控制系统的响应速度和控制品质。因此，本章提出多模型切换广义预测控制（multi-model switching constrained incremental generalized predictive control，MSGPC）策略，用于再循环模式槽式 DSG 系统的集热器出口蒸汽温度的控制。实际上，该种方法可以扩展到槽式 DSG 系统其他参数的控制上，如汽水分离器的水位控制等。

9.3.1　广义预测控制基本算法

广义预测控制（generalized predictive control，GPC）基本算法采用受随机干扰的被控对象的受控自回归积分滑动平均模型（controlled autoregressive integrated moving average model，CARIMA 模型），即

$$A(z^{-1})\Delta y(t)=B(z^{-1})\Delta u(t-1)+C(z^{-1})w(t) \tag{9.5}$$

其中
$$\left. \begin{array}{l} A(z^{-1})=1+a_1 z^{-1}+\cdots+a_{na} z^{-na} \\ B(z^{-1})=b_0+b_1 z^{-1}+\cdots+b_{nb} z^{-nb} \\ C(z^{-1})=1+c_1 z^{-1}+\cdots+c_{nc} z^{-nc} \end{array} \right\} \tag{9.6}$$

式中：z^{-1} 为后移算子；$\Delta=1-z^{-1}$ 为差分算子；$u(t)$、$y(t)$ 分别为被控对象的输入和输出；$w(t)$ 为互不相关的随机序列信号；$A(z^{-1})$、$B(z^{-1})$、$C(z^{-1})$ 为关于 z^{-1} 的多项式。

根据式（9.5），未来各步的最优输出预测 $y(t+j)$ 为

$$y(t+j)=G_j\Delta u(t+j-1)+F_j y^f(t)+H_j\Delta u^f(t-1)+E_j w(t+j) \quad (j=1,2,3,\cdots)$$

$$(9.7)$$

其中

$$y^f(t)=\frac{y(t)}{T(z^{-1})}$$

$$\Delta u^f=\frac{\Delta u(t)}{T(z^{-1})}$$

式中：$T(z^{-1})$ 为选定的滤波器多项式，在很多情况下可直接取为 $C(z^{-1})$。

多项式 G_j、F_j、H_j、E_j 可通过如下 Diophantine 方程获得

$$\left.\begin{array}{l}T(z^{-1})=E_j(z^{-1})A(z^{-1})\Delta+z^{-j}F_j(z^{-1})\\ E_j(z^{-1})B(z^{-1})=G_j(z^{-1})T(z^{-1})+z^{-j}H_j(z^{-1})\end{array}\right\}$$

$$(9.8)$$

式（9.8）中，各多项式的最高阶次分别为

$$\deg E_j=j-1, \quad \deg F_j=\max\{na,nc-j\}, \quad \deg G_j=j-1, \quad \deg H_j=\max\{nc-1,nb-1\}$$

采用经典的二次函数作为预测控制的性能指标函数，即

$$J=[\boldsymbol{Y}-\boldsymbol{Y}_R]^T[\boldsymbol{Y}-\boldsymbol{Y}_R]+\lambda\Delta\boldsymbol{U}^T\Delta\boldsymbol{U}$$

$$(9.9)$$

其中

$$\left\{\begin{array}{l}\boldsymbol{Y}=[y(t+N_1),y(t+N_1+1),\cdots,y(t+N_2)]^T\\ \Delta\boldsymbol{U}=[\Delta u(t),\Delta u(t+1),\cdots,\Delta u(t+N_u-1)]^T\\ \boldsymbol{Y}_R=[y_r(t+N_1),y_r(t+N_1+1),\cdots,y_r(t+N_2)]^T\end{array}\right.$$

$$(9.10)$$

$$\left\{\begin{array}{l}y_r(t)=y(t)\\ y_r(t+j)=\alpha y_r(t+j-1)+(1-\alpha)\omega \quad (j=1,2,\cdots,N_2)\end{array}\right.$$

$$(9.11)$$

式中：$\boldsymbol{Y}$ 为 $t+N_1$，$t+N_1+1$，$\cdots$，$t+N_2$ 时刻 CARIMA 模型输出的预测值；$\boldsymbol{Y}_R$ 为 $t+N_1$，$t+N_1+1$，$\cdots$，$t+N_2$ 时刻对象输出的期望值；$\Delta\boldsymbol{U}$ 为 t，$t+1$，$\cdots$，$t+N_u-1$ 时刻控制增量的预测值；N_1、N_2 分别为优化时域的初值和终值；N_u 为控制时域；λ 为控制加权系数；ω 为输出设定值；α 为输出柔化系数，$\alpha\in[0,1]$；$y(t)$ 为 t 时刻的 CARIMA 模型输出预测值；y_r 表示输出的参考轨迹。

引入丢番图方程，使 J 值最小的预测控制律为

$$\Delta\boldsymbol{U}=(\boldsymbol{G}^T\boldsymbol{G}+\lambda\boldsymbol{I})^{-1}\boldsymbol{G}^T[\boldsymbol{Y}_R-\boldsymbol{F}y^f(t)-\boldsymbol{H}\Delta u^f(t-1)]$$

$$(9.12)$$

式中：$\boldsymbol{G}$、$\boldsymbol{F}$、$\boldsymbol{H}$ 为由丢番图方程求解得到的系数矩阵；$y^f=y(t)/T(z^{-1})$、$\Delta u^f(t)=\Delta u(t)/T(z^{-1})$，$T(z^{-1})$ 为选定的滤波器多项式；$\Delta\boldsymbol{U}$ 向量的第一个元素即为当前时刻的控制增量 $\Delta u(t)$。

当前时刻的控制作用 $u(t)$ 即为

$$u(t)=u(t-1)+\Delta u(t)$$

$$(9.13)$$

9.3.2 出口蒸汽温度控制策略

1. 控制结构设计

GPC 对时滞、惯性系统具有良好的控制性和鲁棒性。为了减小误动作时的影响，又考虑到所有的实际过程都受到一定的物理条件限制，且实际被控过程也不允许控制作用变化太快，因此本章采用受限增量广义预测控制（constrained incremental generalized predictive control，CIGPC）策略。

在实验过程中发现，再循环模式槽式 DSG 系统的集热器出口蒸汽温度、压力会在较大范围内变化，在不同工况时，集热器过热区对象模型会发生较大的变化，这会造成 GPC 控制器模型的严重失配而大大降低控制品质。对此，通常的方法是通过调节 GPC 控制器参数，提高控制器鲁棒性，但这只是一个折中的办法，会影响控制品质。多模型切换控制的思想在于：把整个非线性工作空间划分为若干子空间，每个子空间采用一个较精确的固定模型描述，针对这些子模型分别设计相应的预测控制器；并设计一个切换器，用以选择与对象最适配模型相对应控制器的输出作为系统实际控制量。

综上分析，本章采用将多模型切换与 CIGPC 方法相结合的 MSGPC 控制策略，进行再循环模式槽式 DSG 系统集热器出口蒸汽温度的控制，其控制结构如图 9.5 所示。在图 9.5 中，G 为受控对象；G_i、C_i、F_i 分别为 n 个子空间模型以及相对应的控制器和反馈滤波器，$i=1,2,\cdots,n$；e_i 为与各子空间模型相对应的辨识误差，$i=1,2,\cdots,n$；F_r 为参考输入滤波器；u、y 分别为受控对象的控制输入量和输出量。

系统根据辨识误差 e_i 来确定与受控对象相适配的子空间模型 G_j，从而选择对应的控制器 C_j 和反馈滤波器 F_j 构成闭环系统，实现对出口蒸汽温度的控制。

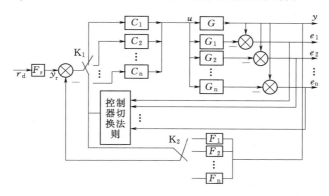

图 9.5　MSGPC 结构图

2. 子模型的选取

由先验知识获得被控对象参数 y 的变化范围，在该工况参数 y 的变化范围中选取 n 个典型的工作点，然后通过仿真计算或者实验获得在这些典型工况下的动态模型（传递函数）作为控制系统子模型，由这些子模型组成大范围工况中典型工作点上的子模型族。其中，各子模型应具有相同的结构和不同的参数。

3. 子控制器设计

（1）约束实现。考虑到实际系统总会受到一定条件的约束，因此本书从控制作用的幅值限制、控制作用的速率限制和被控变量的输出限制 3 个方面考虑相关约束条件。

设 $u_{\max}$、$u_{\min}$ 分别为控制量的上、下限幅值，则有

$$u_{\min} \leqslant u(t+j-1) \leqslant u_{\max} \qquad (j=1,2,\cdots,N_u) \tag{9.14}$$

设 $\Delta u_{\max}$、$\Delta u_{\min}$ 分别为控制增量 $\Delta u(t)$ 的上、下限值，则有

$$\Delta u_{\min} \leqslant \Delta u(t+j-1) \leqslant \Delta u_{\max} \qquad (j=1,2,\cdots,N_u) \tag{9.15}$$

设 $y_{\max}$、$y_{\min}$ 分别为输出量的上、下限幅值，则有

$$y_{\min} \leqslant y(t+j) \leqslant y_{\max} \qquad (j=N_1, N_1+1, \cdots, N_2) \tag{9.16}$$

从式（9.14）～式（9.16）可得到如下形式的总约束条件

$$\pmb{AA} \Delta \pmb{U} \leqslant \pmb{BB} \tag{9.17}$$

其中

$$\pmb{AA} = \begin{bmatrix} \pmb{I} \\ -\pmb{I} \\ \pmb{L} \\ -\pmb{L} \\ \pmb{G} \\ -\pmb{G} \end{bmatrix}, \quad \pmb{BB} = \begin{bmatrix} \Delta \pmb{U}_{\max} \\ -\Delta \pmb{U}_{\min} \\ \pmb{U}_{\max} \\ -\pmb{U}_{\min} \\ \pmb{Y}_{\max} - \pmb{F}y^f(t) - \pmb{H}\Delta u^f(t-1) \\ -\pmb{Y}_{\min} + \pmb{F}y^f(t) + \pmb{H}\Delta u^f(t-1) \end{bmatrix} \tag{9.18}$$

$$\pmb{L} = \begin{bmatrix} 1 & 0 & \cdots & 0 \\ 1 & 1 & 0 & \vdots \\ \vdots & \vdots & \ddots & \vdots \\ 1 & 1 & 1 & 1 \end{bmatrix}$$

$$\pmb{U}_{\max} = [u_{\max} - u(t-1), \cdots, u_{\max} - u(t-1)]^{\mathrm{T}}$$

$$\pmb{U}_{\min} = [u_{\min} - u(t-1), \cdots, u_{\min} - u(t-1)]^{\mathrm{T}}$$

$$\Delta \pmb{U}_{\max} = [\Delta u_{\max}, \cdots, \Delta u_{\max}]^{\mathrm{T}}$$

$$\Delta \pmb{U}_{\min} = [\Delta u_{\min}, \cdots, \Delta u_{\min}]^{\mathrm{T}}$$

$$\pmb{Y}_{\max} = [y_{\max}, \cdots, y_{\max}]^{\mathrm{T}}$$

$$\pmb{Y}_{\min} = [y_{\min}, \cdots, y_{\min}]^{\mathrm{T}}$$

式中：L 为 $N_u \times N_u$ 维下三角矩阵。

本书采用基于二次规划的受限预测控制方法。在广义预测控制基本算法中，t 时刻以后 CARIMA 模型的输出预测值 $\pmb{Y}$ 可表示为

$$\pmb{Y} = \pmb{G}\Delta \pmb{U} + \pmb{F}y^f(t) + \pmb{H}\Delta u^f(t-1) = \pmb{G}\Delta \pmb{U} + f \tag{9.19}$$

将式（9.19）代入式（9.9），整理可得

$$\pmb{J} = \pmb{J}_0 + (\pmb{Y}_{\mathrm{R}} - f)^{\mathrm{T}}(\pmb{Y}_{\mathrm{R}} - f) \tag{9.20}$$

其中

$$\pmb{J}_0 = \frac{1}{2}\Delta \pmb{U}^{\mathrm{T}} \pmb{HH}\Delta \pmb{U} + \pmb{CC}^{\mathrm{T}}\Delta \pmb{U}$$

$$\pmb{HH} = 2(\pmb{G}^{\mathrm{T}}\pmb{G} + \lambda \pmb{I})$$

$$\pmb{CC} = 2\pmb{G}^{\mathrm{T}}(f - \pmb{Y}_{\mathrm{R}})$$

这样可得到 $\min\limits_{\Delta U} \pmb{J} = \min\limits_{\Delta U} \pmb{J}_0$。综合式（9.17）和式（9.20），可得到二次规划的标准形式为

$$\begin{cases} \pmb{J}_0 = \dfrac{1}{2}\Delta \pmb{U}^{\mathrm{T}} \pmb{HH}\Delta \pmb{U} + \pmb{CC}^{\mathrm{T}}\Delta \pmb{U} \\ \pmb{AA}\Delta \pmb{U} \leqslant \pmb{BB} \end{cases} \tag{9.21}$$

为了减少在线计算量，本书采用一种简化处理 GPC 约束的策略，即将 GPC 基本优化方法与基于二次规划的 CIGPC 优化方法有机地融合在一起。首先，利用 GPC 基本算法计算出相应的控制作用，如果这个控制作用能满足受限条件，就直接采用算出的控制作用；

如果由 GPC 基本算法获得的控制作用突破受限条件时，再启动基于二次规划的 CIGPC 优化方法，在约束范围内计算控制作用的最优解。事实上，在大多数情况下，GPC 基本算法所计算出的控制作用都能满足控制作用的约束条件，只有在较少的情况下才会突破对控制作用的受限条件。因此，该简化策略可以大大降低在线计算量。

（2）子控制器输出。为了减小误动作时的影响，实现不同子模型之间的平滑切换，本书采用具有平滑滤波作用的输入增量加权控制律（input increment weighted control law，IIWCL），其表达式为

$$\Delta u(k) = \frac{\sum_{i=1}^{N_u} w(i) \Delta u(k \mid k-i+1)}{\sum_{i=1}^{N_u} w(i)} \qquad (9.22)$$

式中：$\Delta u(k \mid k-i+1)$ 为系统在 $k-i+1$ 时刻对 k 时刻控制增量的估计值；$w(i)$ 为加权系数；N_u 为控制时域。

（3）子控制器参数整定。根据不同的子模型，分别设计相应的 CIGPC 子控制器。选取最小预测时域 N_1 为集热器出口蒸汽温度的延迟时间，选取覆盖集热器出口蒸汽温度动态响应时间为最大预测时域 N_2。控制时域 N_u 影响系统跟踪性能，增大 N_u 可提高控制灵敏度，但系统稳定性和鲁棒性会随之下降，计算量也大大增加。控制加权系数 λ 用来限制控制增量的剧烈变化，λ 过小会使系统稳定性下降。在多模型切换策略中，可通过增大 λ 来减小控制增量，从而减小由于控制器切换过程引起的对象扰动。因此，本书这里取 $\lambda=1$。输出柔化系数 α 可以调节集热器出口蒸汽温度的动态性能，取较大时会使设定值柔化后的轨迹平缓，有利于控制量平稳变化，并减少超调量。

4. 控制器切换

（1）切换法则。通过跟踪实际工况，采用模糊推理的隶属度概念来评判子模型的匹配程度，从而选择适配的模型和相应的控制器。选用高斯隶属度函数，有

$$\mu_i(y) = \exp\left[-\frac{1}{2} \frac{(y-y_i)^2}{\sigma^2} \right] \qquad (9.23)$$

仿照模糊推理的方法可归一化为

$$v_i(y) = \frac{\mu_i(y)}{\sum_{j=1}^{n} \mu_j(y)} \qquad (9.24)$$

然后根据实际对象在不同工作点附近的输出状态，采用最大隶属度原则进行模型切换和控制器切换，其编号为 $j=\text{argmax}[v_i(y)]$。

（2）平滑切换和无扰切换。采用 IIWCL 式（9.22）实现平滑切换。采用等待周期法实现无扰切换，即设置一个等待周期 $T_{min}>0$，在每一次切换后的 T_{min} 时间内不发生第二次切换。

9.3.3 仿真分析

1. 采用本书理论计算模型仿真

根据本书第 8.4.3 节得到的再循环模式槽式 DSG 系统集热器出口蒸汽温度传递函数为

$$W(s) = \frac{0.1606}{0.0002549 + 0.031933s + s^2} e^{-53.58s} \tag{9.25}$$

假设模型匹配，采用式（9.25）传递模型时，CIGPC策略与抗积分饱和PI控制策略的仿真结果比较，如图9.5所示。

图9.5中 w 为设定值（下同），y（CIGPC）和 u（CIGPC）分别为采用CIGPC策略的系统输出和控制器输出（下同），y（PI）和 u（PI）分别为采用抗积分饱和PI控制方案的系统输出和控制器输出（下同）。需要说明的是，本书提出的控制策略实际采用的是控制增量作为控制器输出，但为了与抗积分饱和PI控制策略进行对比，这里统一采用控制量进行比较（下同）。由图9.6可见，采用CIGPC策略时，系统输出跟踪设定值的速度更快、波动更小、控制性能更好，即CIGPC策略优于PI控制策略。

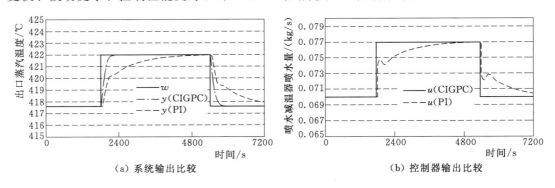

（a）系统输出比较　　　　　　　　　　（b）控制器输出比较

图9.6　CIGPC策略与抗积分饱和PI控制的仿真结果比较

2. 采用文献测量模型仿真

根据文献［83］，再循环模式槽式DSG系统集热器出口蒸汽温度在3个不同压力下的数学模型如下：

模型Ⅰ（压力为 1×10^7 Pa）：$\quad \dfrac{1.381 \times 10^{-4}}{s^2 + 0.0223s + 1.384 \times 10^{-4}} e^{-90s}$ \hfill (9.26)

模型Ⅱ（压力为 6×10^6 Pa）：$\quad \dfrac{1.051 \times 10^{-4}}{s^2 + 0.0169s + 7.9 \times 10^{-5}} e^{-80s}$ \hfill (9.27)

模型Ⅲ（压力为 3×10^6 Pa）：$\quad \dfrac{1.657 \times 10^{-4}}{s^2 + 0.016s + 7.9 \times 10^{-5}} e^{-100s}$ \hfill (9.28)

首先不考虑多模型切换，并假设模型匹配，当系统分别运行在 1×10^7、6×10^6、3×10^6 Pa 3个不同压力下时，CIGPC策略与抗积分饱和PI控制策略的仿真结果比较如图9.6所示。由图9.7可见，采用CIGPC策略时，系统输出跟踪设定值的速度更快、波动更小、控制性能更好，即CIGPC策略优于PI控制策略。

其次，采用CIGPC策略，不考虑多模型切换，将模型匹配和模型失配时的系统输出和控制器输出进行比较。当系统运行在 1×10^7 Pa 压力下，分别采用 1×10^7 Pa（模型匹配）和 3×10^6 Pa（模型失配）压力下建立的CIGPC控制器时，系统输出和控制器输出如图9.8所示。图9.8中，y（匹配）和 u（匹配）分别为系统运行在 1×10^7 Pa 压力下且模型匹配时的系统输出和控制器输出，y（失配）和 u（失配）分别为系统运行在 1×10^7 Pa 压力下，但采用 3×10^6 Pa 压力下建立的CIGPC策略控制器时的系统输出和控制器输出。

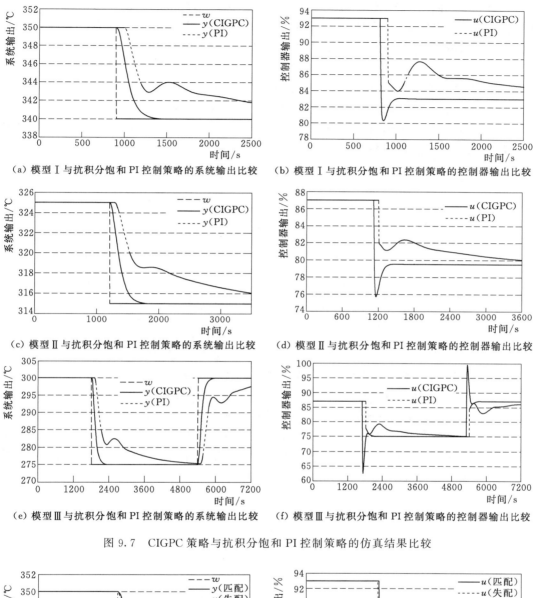

（a）模型Ⅰ与抗积分饱和PI控制策略的系统输出比较　　（b）模型Ⅰ与抗积分饱和PI控制策略的控制器输出比较

（c）模型Ⅱ与抗积分饱和PI控制策略的系统输出比较　　（d）模型Ⅱ与抗积分饱和PI控制策略的控制器输出比较

（e）模型Ⅲ与抗积分饱和PI控制策略的系统输出比较　　（f）模型Ⅲ与抗积分饱和PI控制策略的控制器输出比较

图 9.7　CIGPC 策略与抗积分饱和 PI 控制策略的仿真结果比较

（a）系统输出　　　　　　　　　　（b）控制器输出

图 9.8　模型匹配与模型失配时，CIGPC 策略仿真结果比较

由图 9.8 可知，由于 GPC 算法本身具有较好的鲁棒性，因此在模型失配时系统输出仍然能够较快地跟踪设定值，但控制器输出波动频繁且剧烈，即需要喷水减温装置频繁动作，这会降低喷水减温装置寿命，导致误差累加等，应避免这种情况的发生。

最后，针对图 9.8 中控制器输出频繁且剧烈波动问题，采用加入多模型切换方法的 MSGPC 策略，并对未采用 IIWCL 和采用 IIWCL 的 MSGPC 策略进行比较，其系统输出和控制器输出仿真结果如图 9.9 所示。图 9.9 中，y（平滑切换）和 u（平滑切换）分别为采用 IIWCL 时的系统输出和控制器输出，加权系数 $w(i)=1/N_u$，y 和 u 分别为不采用上述控制律的系统输出和控制器输出。

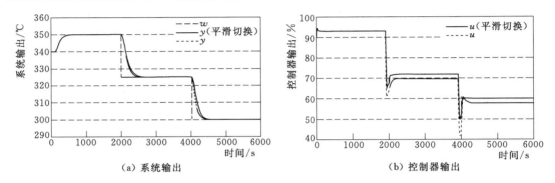

图 9.9 未采用 IIWCL 和采用 IIWCL 的 MSGPC 策略仿真结果比较

其中，设定出口蒸汽温度的初始值为 340℃，喷水减温装置开度初始值为 83%，最小预测时域 $N_1=1$，最大预测时域 $N_2=80$，控制时域 $N_u=2$，加权系数 $\lambda=1$，柔化系数 $\alpha=0.9$，采样间隔为 10s，每隔 2000s 依次切换。由图 9.9 可知，采用 MSGPC 策略，系统响应速度快，控制性能好，没有出现图 9.8 中频繁剧烈地波动，模型失配问题得到了有效解决。而且采用具有平滑滤波作用的 IIWCL 对系统输出影响很小，但却有效地抑制了控制器输出的变化速度，实现平滑切换。

第 10 章 总结与展望

10.1 总结

针对目前槽式 DSG 系统建模与控制的研究现状，本书建立了 DSG 槽式集热器和槽式 DSG 系统集热场的 HHC 稳态模型和非线性分布参数动态模型，研究了 DSG 槽式集热器和槽式 DSG 系统集热场的稳态特性和动态特性，探讨了再循环模式 DSG 槽式电站的控制问题。本书的研究成果主要包括以下几个方面：

（1）建立了 DSG 槽式集热器传热与水动力耦合稳态模型。在模型求解中采用了太阳辐射热能、工质焓值和工质压力耦合判定，对管内换热系数、蒸汽含汽率、压降、流体温度以及管壁温度等参数进行耦合求解的方法。经与澳大利亚新南威尔士大学实验测试数据以及其他文献模型计算结果数据的对比分析，验证了该模型的正确性和精确性。利用该模型对 DSG 槽式集热器的稳态特性进行了仿真计算分析，揭示了在直射辐射强度、工质流量、入口工质温度、入口工质压力变化时，DSG 槽式集热器出口参数的一系列重要变化规律。提出了 DSG 槽式集热器正常工作时，太阳直射辐射强度、工质流量、入口工质温度、入口工质压力的选择范围。这对于槽式 DSG 系统的设计与优化具有重要的理论和实用价值，是建立 DSG 槽式集热器非线性分布参数动态模型的基础。

（2）建立了 DSG 槽式集热器的非线性分布参数动态模型和移动云遮工况的云遮始末时间模型。其中集热器动态模型的传热系数和摩擦系数采用了实时计算值，提高了模型的精度。解决了 DSG 槽式集热器非线性集总参数模型不能模拟局部云遮、移动云遮等实际太阳直射辐射强度变化工况的问题。利用所建模型对全管长范围太阳直射辐射强度、局部管长范围太阳直射辐射强度、给水流量、给水温度等扰动时出口分别为热水、两相流、过热蒸汽的 DSG 槽式集热器以及移动云遮工况下出口为过热蒸汽的 DSG 槽式集热器的主要参数进行了动态仿真及特性分析。仿真结果表明所建模型建模正确。太阳直射辐射强度扰动强度和扰动位置对 DSG 槽式集热器工质参数的动态特性均有影响。DSG 槽式集热器正常运行时，需要维持一定的太阳直射辐射强度。一旦由于天气等原因造成太阳直射辐射强度变化过快，应及时采取相应措施，保证 DSG 槽式集热器的稳定运行。相同太阳直射辐射强度扰动时，扰动发生在热水区时对集热器工质参数的影响要比扰动发生在其他位置时大，且工质参数动态响应的延时也不同。给水流量或给水温度小幅下降时，DSG 槽式集热器出口工质温度和流量都会滞后响应并且变化显著，滞后时间长，再次达到稳定时间长。本书还从理论建模和动态特性分析的角度论证了相关扰动时集热管蒸发区结束位置的往复波动现象；得出了在 DSG 槽式集热器出口工质流量的动态仿真中，对工质物性参数在相变处的不连续，如果采用平滑插值的方法会增长出口工质流量波动时间的结论。揭示了移动云遮工况时，云遮宽度、云遮移动速度以及云遮移动方向对 DSG 槽式集热器主要工质参数的影响规律。

（3）建立了直通模式槽式 DSG 系统集热场非线性分布参数模型，给出了给水流量、喷水减温器喷水量变化时集热场出口工质温度和流量的传递函数。直通模式槽式 DSG 系统集热场非线性分布参数模型包含 DSG 槽式集热器非线性分布参数模型和喷水减温器非线性集总参数模型两部分。利用仿真分析验证了该模型的正确性。揭示了太阳直射辐射强度、工质流量、入口工质温度、入口工质压力对直通模式槽式 DSG 系统集热场出口参数的影响规律，提出了直通模式槽式 DSG 系统正常工作时上述参数的选择范围。分析发现，在直通模式槽式 DSG 系统集热场中，喷水减温器作为调节保护装置，对其动态特性的影响较小。喷水量小幅下降时，集热器出口工质温度和流量响应快且变化显著，并很快再次达到稳定。集热场动态特性主要受到太阳直射辐射强度扰动强度、扰动位置，以及给水流量的影响。太阳直射辐射强度扰动发生在集热器入口附近时，集热器出口工质温度、流量响应延时长且幅值变化大。集热器出口工质温度响应的初始阶段主要受集热器出口附近的太阳直射辐射强度影响。集热器出口工质流量响应的初始阶段主要受集热器中段附近的太阳直射辐射强度影响。给水流量小幅增加时，集热器出口工质温度和流量都会滞后响应并且变化显著，滞后时间长，再次达到稳定时间长。

（4）建立了再循环模式槽式 DSG 系统集热场非线性分布参数模型，给出了给水流量变化时集热场汽水分离器水位的传递函数，给出了喷水减温器喷水量变化时集热场出口工质温度的传递函数。再循环模式槽式 DSG 系统集热场非线性分布参数模型包含 DSG 槽式集热器非线性分布参数模型、汽水分离器非线性集总参数模型和喷水减温器非线性集总参数模型三部分。利用实验数据对比和仿真分析，验证了该模型的正确性。揭示了再循环模式槽式 DSG 系统集热场工质参数的稳态和动态变化规律。仿真结果表明再循环模式槽式 DSG 系统集热场出口参数动态特性与 DSG 槽式集热器出口参数动态特性不同，受汽水分离器影响较大。集热场动态特性受太阳直射辐射强度扰动强度、扰动位置以及给水流量扰动的影响明显。太阳直射辐射强度扰动发生在集热器蒸发区与过热区，其出口工质参数响应完全不同。出口工质参数对发生在过热区附近的太阳直射辐射强度扰动非常敏感且很快达到新的平衡。给水流量小幅增加时，出口工质温度和流量都会滞后响应并且变化显著，滞后时间长，但再次达到稳定的时间比直通模式槽式 DSG 系统短；汽水分离器水位滞后响应，并持续上升。喷水量小幅下降时，集热器出口工质温度和流量响应快且变化显著，并很快再次达到稳定。

（5）研究了再循环模式槽式 DSG 系统的控制方案，提出了再循环模式槽式 DSG 系统的全厂运行控制策略，验证了抗积分饱和 PI 控制方案的可行性，提出了 MSGPC 策略。

提出了再循环模式槽式 DSG 系统启动机组、正常运行、滑压停机等运行过程的控制策略。利用本书仿真得到的汽水分离器水位传递函数采用抗积分饱和 PI 控制方案对汽水分离器水位进行了控制，控制效果可以满足控制需求。提出了 MSGPC 策略，采用该策略可使被控参数快速平滑地跟踪设定值，能有效地解决太阳能热发电系统因工况跳变而可能导致的模型失配问题。以再循环模式槽式 DSG 系统集热场出口蒸汽温度为例，分别利用本书仿真得到的集热场出口蒸汽温度传递函数和文献测量模型验证了该策略的可行性和有效性。

10.2 展望

虽然本书对 DSG 槽式集热器和槽式 DSG 系统的建模和控制做了一定的研究，取得了一些有效的研究成果，但对于复杂的 DSG 槽式集热器和槽式 DSG 系统来说，这才刚刚开始，仍有许多值得深入研究的问题。

（1）本书研究发现，动态过程中 DSG 槽式集热器管壁温度会快速变化，并导致管周向的高温差。该现象的发生有可能造成 DSG 槽式集热器的老化、变形、甚至破损，也会对集热器出口工质参数产生不良影响。目前，槽式 DSG 系统采用再循环模式就是一种较好的规避该现象发生的方法。但再循环模式槽式 DSG 系统结构复杂、投资较高，并不是最好的应用形式。如何在直通模式下避免或减弱集热器蒸发区结束位置往复波动现象的影响，将是今后工作应该深入研究的问题。

（2）在 DSG 槽式集热器的动态仿真中，工质物性参数在相变处不连续导致数值积分过程产生振荡。以往解决该问题的方法有以下两种：

第一是采用移动边界模型，但这种模型需要辨别相变边界并适当的调整计算网格。如果采用非线性分布参数方法建模，会得到很好的仿真结果，但模型会非常复杂。而在以往的研究中，移动边界模型一般只采用非线性集总参数方法进行建模，即忽略参数在管长方向的变化，在管长方向采用平均值的方法，建立只有时间导数的常微分方程组。这种方法在火电厂动态建模中应用得非常广泛。但集总参数模型并不能有效地描述太阳辐射沿管长方面的动态变化，对于具有明显分布特性的槽式 DSG 系统来说，这并不是一种优秀的方法。

第二是采用连续的物性方程，对工质物性参数在相变处的不连续采用平滑插值的方法，但本书应用该方法时发现虽然平滑插值可以减少波动幅值，但却会增长波动时间，降低了仿真精度。如何在不降低仿真精度的前提下减少或消除数值计算中产生的振荡，将作为后续研究中的一个重点内容。

（3）直通模式槽式 DSG 系统结构简单、投资少、效率高，是最理想的运行模式。但由于其自身结构特点，也是最难控制的运行模式。目前应用的各种基于 PID 的控制方案很难达到理想的控制效果。而预测控制对大时滞、大惯性系统具有良好的控制性能，今后应将预测控制用于直通模式槽式 DSG 系统工质参数的控制中。

参 考 文 献

［1］ 太阳能发电科技发展"十二五"专项规划［Z］. 北京：中华人民共和国科技部，2012.
［2］ 孙尧. 太阳能电力技术的利用与发展［J］. 杭州电力，1999（6）：70－72.
［3］ 郭苏. 塔式太阳能热发电站镜场和 CPC 及屋顶 CPV 设计研究［D］. 南京：河海大学，2006.
［4］ 郭铁铮. 塔式太阳能热发电站关键控制技术研究［D］. 南京：河海大学，2011.
［5］ 张耀明，王军，张文进. 太阳能热发电系列文章（1）——聚光类太阳能热发电概述［J］. 太阳能，2006（1）：39－41.
［6］ 王长贵，崔容强，周篁. 新能源发电技术［M］. 北京：中国电力出版社，2003.
［7］ 王军，刘德有，张文进，等. 太阳能热发电系列文章（3）——碟式太阳能热发电［J］. 太阳能，2006（3）：31－32.
［8］ 刘巍，王宗超. 碟式太阳能热发电系统［J］. 重庆工学院学报（自然科学），2009（23）：99－103.
［9］ 王亦楠. 对我国发展太阳能热发电的一点看法［J］. 中国能源，2006（28）：5－10.
［10］ 王春雷. 五点法自动跟踪太阳装置［J］. 太阳能学报，2005（5）：30－31.
［11］ 王军. 太阳能热发电系统及关键部件的开发研究［D］. 南京：东南大学，2007.
［12］ 张耀明，王军，张文进，等. 太阳能热发电系统文章（2）——塔式与槽式太阳能发电［J］. 太阳能，2006（2）：29－32.
［13］ 郭苏，刘德有，张耀明. 塔式太阳能热发电的定日镜［J］. 太阳能，2006（5）：34－37.
［14］ 张耀明，邹明宇. 太阳能科学开发与利用［M］. 南京：江苏科学技术出版社，2012.
［15］ 安翠翠. 抛物槽集热器的热性能研究［D］. 南京：河海大学，2008.
［16］ 赵明智. 槽式太阳能热发电站微观选址的方法研究［D］. 呼和浩特：内蒙古工业大学，2009.
［17］ 冒东奎. 太阳能热力发电技术进展［J］. 甘肃科学学报，1996（3）：54－60.
［18］ 李钦钢，韩亚萍，姜彬. 导热油的选用［J］. 林业机械与木工设备，1998（8）：33.
［19］ 郭苏，刘德有，张耀明，许昌，王沛. 循环模式 DSG 槽式太阳能集热器出口蒸汽温度控制策略研究［J］. 中国电机工程学报，2012，32（20）：62－68.
［20］ 陈媛媛，朱天宇，刘德有，等. DSG 太阳能槽式集热器的热性能研究［J］. 动力工程学报，2013，33（3）：228－232.
［21］ 韦彪，朱天宇. DSG 太阳能槽式集热器聚光特性模拟［J］. 动力工程学报，2011，31（10）：773－778.
［22］ 梁征，孙利霞，由长福. DSG 太阳能槽式集热器动态特性［J］. 太阳能学报，2009，30（12）：1640－1646.
［23］ 杨宾. 槽式太阳能直接蒸汽热发电系统性能分析与实验研究［D］. 天津：天津大学，2011.
［24］ 曲航. 槽型抛物面太阳能热发电系统选址分析及集热管传热的研究［D］. 天津：天津大学，2008.
［25］ 张先勇，舒杰，吴昌宏，等. 槽式太阳能热发电中的控制技术及研究进展［J］. 华东电力，2008（2）：135－138.
［26］ 王亚龙. 槽式太阳能集热与热发电系统集成研究［D］. 北京：中国科学院研究生院（工程热物理研究所），2010.
［27］ 王军，张耀明，张文进，等. 太阳能热发电系列文章（10）——槽式太阳能热发电中的聚光集热

器［J］．太阳能，2007（4）：25－29．

[28]　徐涛．槽式太阳能抛物面集热器光学性能研究［D］．天津：天津大学，2009．

[29]　韦彪，朱天宇，刘德有．槽式 DSG 太阳能集热系统模拟分析［J］．工程热物理学报，2012，33
　　　（3）：473－476．

[30]　李明，夏朝凤．槽式聚光集热系统加热真空管的特性及应用研究［J］．太阳能学报，2006（1）：
　　　90－95．

[31]　熊亚选，吴玉庭，马重芳，TRAORE MK，张业强．槽式太阳能集热管传热损失性能的数值研究
　　　［J］．中国科学（技术科学），2010，40（3）：263－271．

[32]　熊亚选，吴玉庭，马重芳，等．槽式太阳能聚光集热器热性能数值研究［J］．工程热物理学报，
　　　2010，31（3）：495－498．

[33]　崔映红，杨勇平．蒸汽直接冷却槽式太阳集热器的传热流动性能研究［J］．太阳能学报，2009，
　　　30（3）：304－310．

[34]　梁征，由长福．太阳能槽式集热系统动态传热特性［J］．太阳能学报，2009，30（4）：451－456．

[35]　潘小弟，纪云锋，王桂荣．注入模式下 DSG 系统反馈线性化串级控制器设计［J］．微计算机信
　　　息，2011，27（1）：28－30．

[36]　王桂荣，潘小弟，纪云锋．注入模式运行的 DSG 槽式系统温度控制方案研究［A］．Proceedings
　　　of 2010 International Conference on Semiconductor Laser and Photonics（ICSLP 2010）［C］．成
　　　都，2010．

[37]　张鹤飞．太阳能热利用原理与计算机模拟［M］．西安：西北工业大学出版社，2004．

[38]　章臣樾．锅炉动态特性及其数学模型［M］．北京：水利电力出版社，1987．

[39]　沈继红，高振滨，张晓威．数学建模［M］．北京：清华大学出版社，2011．

[40]　林宗虎．气液两相流和沸腾传热［M］．西安：西安交通大学出版社，2003．

[41]　黄锦涛．600MW 超临界直接锅炉螺旋管圈水冷壁动态过程特性及敏感性研究［D］．西安：西安
　　　交通大学，1999．

[42]　潘天红，乐艳，李少远．大范围工况热工过程的多模型预测控制［J］．系统工程与电子技术，
　　　2004（10）：1439－1443．

[43]　陈玉田．偏微分方程数值解法［M］．南京：河海大学出版社，1999．

[44]　李荣华，冯果忱．微分方程数值解法［M］．3 版．北京：高等教育出版社，1996．

[45]　李凌，袁德成，井元伟等．基于线上求解法的分布参数系统仿真［C］//第八届全国信息获取与
　　　处理学术会议论文集，2010：504－506．

[46]　胡上序．分布参数系统的数字仿真［J］．信息与控制，1983（4）：57－63．

[47]　黄锦涛，陈听宽．超临界直流锅炉蒸发受热面动态过程特性［J］．西安交通大学学报，1999（9）：
　　　71－75．

[48]　宋汉武．蒸汽锅炉减温器［M］．重庆：科学技术文献出版社重庆分社，1987．

[49]　宁德亮，庞凤阁，高璞珍．喷水减温器动态仿真模型的建立及其解法［J］．核动力工程，2005
　　　（3）：280－283，290．

[50]　闫涛，杨青瑞，尚伟．喷水减温器简易建模方法及 Simulink 仿真研究［J］．硅谷，2009（8）：
　　　21－23．

[51]　倪维斗，徐向东．热动力系统建模与控制的若干问题［M］．北京：科学出版社，1996．

[52]　綦明明，冷杰，俞辉．超临界直流锅炉内置式汽水分离器数学模型及仿真［J］．东北电力技术，
　　　2009，30（12）：1－5．

[53]　王宗琪，王陶，章臣樾．直流锅炉启动分离器数学模型与仿真［J］．热能动力工程，1997（1）：
　　　61－64，80．

[54]　陶永华．新型 PID 控制及其应用［M］．北京：机械工业出版社，2004．

［55］ 谢长生，胡亦鸣，钟武清. 微型计算机控制基础［M］. 成都：电子科技大学出版社，1994.

［56］ 胡寿松. 自动控制原理［M］. 北京：科学出版社，2001.

［57］ 邱亮. 基于阶跃辨识的 PID 自整定算法研究及其应用［D］. 上海：上海交通大学，2013.

［58］ 李瑞霞. 智能 PID 整定方法的仿真与实验研究［D］. 太原：太原理工大学，2007.

［59］ 刘道. 基于改进粒子群优化算法的 PID 参数整定研究［D］. 衡阳：南华大学，2012.

［60］ 张云广，沈炯，李益国. 基于多模型切换的过热汽温广义预测控制［J］. 华东电力，2009，37（1）：164－168.

［61］ 刘向杰，殷冲，侯国莲，等. 联合循环电厂余热锅炉的监督预测控制策略［J］. 中国电机工程学报，2007（20）：52－58.

［62］ 王国玉，韩璞，王东风. PFC－PID 串级控制在主汽温控制系统中的应用研究［J］. 中国电机工程学报，2002（12）：51－56.

［63］ 李晓理，王伟. 多模型自适应控制［M］. 北京：科学出版社，2001.

［64］ 诸静. 智能预测控制及其应用［M］. 杭州：浙江大学出版社，2002.

［65］ 王伟. 广义预测控制理论及其应用［M］. 北京：科学出版社，1998.

［66］ 童一飞，金晓明. 基于广义预测控制的循环流化床锅炉燃烧过程多目标优化控制策略［J］. 中国电机工程学报，2010，30（11）：38－43.

［67］ 弓岱伟，孙德敏，郝卫东，等. 基于多模型切换阶梯式广义预测控制的电站锅炉主汽温控制［J］. 中国科学技术大学学报，2007（12）：1488－1493.

［68］ 岳俊红. 复杂工业过程多模型预测控制策略及其应用研究［D］. 北京：华北电力大学，2008.

［69］ 郭启刚. 热工过程多模型控制理论与方法的研究［D］. 保定：华北电力大学，2007.

［70］ Mills D. Advances in solar thermal electricity technology［J］. Solar Energy，2004，76（1）：19－31.

［71］ Schlaich Jr. Tension structures for solar electricity generation［J］. Engineering Structures. 1999，21（8）：658－668.

［72］ Al－sakaf O H. Application possibilities of solar thermal power plants in Arab countries［J］. Renewable Energy，1998，14（1）：9.

［73］ Rorbert K S，Lebanon M. Heliostat assemblies：United States，AU5003079［P］. 1980－04－17.

［74］ Winter C J，Sizmann R L，Vant－Hull L L. Solar power plants［M］. Berlin：Springer－Verlag，1991.

［75］ Kolb G J，Jones S A，Donnelly M W，et al. Heliostat cost reduction study［M］. Albuquerque：Sandia National Laboratories，2007.

［76］ Cohen G，Kearney D. Improved parabolic trough solar electric system based on the SEGS experience［A］. proceeding of ASES Annual Conference［C］. San Jose，CA，1994：147－150.

［77］ Price H，Lupfert E，Kearney D，et al. Advances in parabolic trough solar power technology［J］. Journal of Solar Energy Engineering，2002，124（2）：109－125.

［78］ Zarza E. Overview on direct steam generation（DSG）and experience at the plataforma solar de almeria（PSA）［R］. Spain：CIEMAT－Plataforma Solar de Almeria，2007.

［79］ Dudley V，Kolb G，Sloan M，et al. SEGS LS2 solar collector－test results［R］. Albuquerque：Sandia National Laboratories，1994.

［80］ Giostri A，Binotti M，Silva P，et al. Comparison of two linear collectors in solar thermal plants：parabolic trough vs. fresnel［A］. Proceedings of the ASME 2011 5th International Conference on Energy Sustainability［C］. Washington D. C，2011.

［81］ Dagan E，Muller M，Lippke F. Direct steam generation in the parabolic trough collector［R］. Report of Plataform Solar de Almeria－Madrid，1992.

[82] Lippke F. Direct steam generation in parabolic trough solar power plants: Numerical investigation of the transients and the control of a once – through system [J]. Journal of Solar Energy Engineering. 1996, 118 (1): 9 – 14.

[83] Valenzuela L, Zarza E, Berenguel M, et al. Control scheme for direct steam generation in parabolic troughs under recirculation operation mode [J]. Solar Energy, 2006, 80 (1): 1 – 17.

[84] Valenzuela L, Zarza E, Berenguel M, et al. Control concepts for direct steam generation in parabolic troughs [J]. Solar Energy, 2005, 78 (2): 301 – 311.

[85] Valenzuela L, Zarza E, Berenguel M, et al. Direct steam generation in solar boilers [J]. IEEE Control Systems Magazine, 2004, 24 (2): 15 – 29.

[86] Patnode A M. Simulation and performance evaluation of parabolic trough solar power plants [D]. Madison: University of Wisconsin – Madison, 2006.

[87] Zarza E, Valenzuela L, Leon J, et al. Direct steam generation in parabolic troughs: Final results and conclusions of the DISS project [J]. Energy, 2004, 29 (5): 635 – 644.

[88] Eck M, Steinmann W D. Direct steam generation in parabolic troughs: first results of the DISS project [J]. Journal of Solar Energy Engineering – Transactions of the Asme, 2002, 124 (2): 134 – 139.

[89] Kalogirou S A. Solar thermal collectors and applications [J]. Progress in Energy and Combustion Science. 2004, 30 (3): 231 – 295.

[90] Zarza E, Valenzuela L, León J, et al. The DISS project: direct steam generation in parabolic troughs operation and maintenance experience update on project status [J]. Journal of Solar Energy Engineering, 2001, 124 (2002): 126 – 133.

[91] Bonilla J, Yebra L J, Dormido S, et al. Parabolic – trough solar thermal power plant simulation scheme, multi – objective genetic algorithm calibration and validation [J]. Solar Energy, 2012: 531 – 540.

[92] Zarza E, Valenzuela L, Leon J, et al. The DISS project: direct steam generation in parabolic trough systems operation and maintenance experience and update on project status [J]. Journal of Solar Energy Engineering – Transactions of the ASME, 2002, 124 (2): 126 – 133.

[93] Bonilla J, Yebra L J, Dormido S. Chattering in dynamic mathematical two – phase flow models [J]. Applied Mathematical Modelling, 2012, 36 (5): 2067 – 2081.

[94] Eduardo Z, Esther Rojas M, Gonzalez L, et al. Inditep: The first pre – commercial DSG solar power plant [J]. Solar Energy, 2006, 80 (10): 1270 – 1276.

[95] Kolb G J, Hassani V. Performance analysis of thermocline energy storage proposed for the 1 MW SAGUARO solar trough plant [C]. ISEC 2006 ASME international solar energy conference, 2006: 1 – 5.

[96] Status report on solar thermal power plants [R]. Germany: Pilkington Solar International GmbH, 1996.

[97] Odeh S D, Morrison G L, Behnia M. Modelling of parabolic trough direct steam generation solar collectors [J]. Solar Energy, 1998, 62 (6): 395 – 406.

[98] Odeh S D, Behnia M, Morrison G L. Hydrodynamic analysis of direct steam generation solar collectors [J]. Journal of Solar Energy Engineering – Transactions of the Asme, 2000, 122 (1): 14 – 22.

[99] Odeh S D, Behnia M, Morrison G L. Performance evaluation of solar thermal electric generation systems [J]. Energy Conversion and Management, 2003, 44 (15): 2425 – 2443.

[100] Odeh S D. Unified model of solar thermal electric generation systems [J]. Renewable Energy, 2003, 28 (5): 755 – 767.

[101]　Almanza R, Lentz A, Jiménez G. Receiver behavior in direct steam generation with parabolic troughs [J]. Solar Energy, 1997, 61 (4): 275 - 278.

[102]　Almanza R, Jiménez G, Lentz A, et al. DSG under two - phase and stratified flow in a steel receiver of a parabolic trough collecto [J]. Journal of Solar Energy Engineering - transactions of The Asme, 2002, 124 (2): 140 - 144.

[103]　Ray A. Nonlinear dynamic model of a solar steam generator. Solar Energy [J]. 1981, 26 (4): 297 - 306.

[104]　Ray A. Dynamic modelling of once - through subcritical steam generator for solar applications [J]. Applied Mathematical Modelling, 1980, 4 (6): 417 - 423.

[105]　Eck M, Hirsch T. Dynamics and control of parabolic trough collector loops with direct steam generation. Solar Energy, 2007, 81 (2): 268 - 279.

[106]　Eck M, Steinmann W D. Modelling and design of direct solar steam generating collector fields [J]. Journal of Solar Energy Engineering - Transactions of the Asme, 2005, 127 (3): 371 - 380.

[107]　Camacho E F, Rubio F R, Berenguel M, et al. A survey on control schemes for distributed solar collector fields. Part 1: Modeling and basic control approaches [J]. Solar Energy, 2007, 81 (10): 1240 - 1251.

[108]　Camacho E F, Rubio F R, Berenguel M, et al. A survey on control schemes for distributed solar collector fields. Part II: Advanced control approaches [J]. Solar Energy, 2007, 81 (10): 1252 - 1272.

[109]　Camacho E F, Berenguel M, Rubio F R. Advanced control of solar plants [M]. Berlin: Springer - Verlag, 1997.

[110]　Barão M, Lemos J M, Silva R N. Reduced complexity adaptive nonlinear control of a distributed collector solar field [J]. Journal of Process Control, 2002, 12 (1): 131 - 141.

[111]　Camacho E F, Rubio F R, Hughes F M. Self - tuning control of a solar power plant with a distributed collector field [J]. Control Systems, IEEE, 1992, 12 (2): 72 - 78.

[112]　Johansen T A, Storaa C. Energy - based control of a distributed solar collector field [J]. Automatica, 2002, 38 (7): 1191 - 1199.

[113]　Cirre C M, Berenguel M, Valenzuela L, et al. Feedback linearization control for a distributed solar collector field [J]. Control Engineering Practice, 2007, 15 (12): 1533 - 1544.

[114]　Henriques J, Gil P, Cardoso A, et al. Adaptive neural output regulation control of a solar power plant [J]. Control Engineering Practice, 2010, 18 (10): 1183 - 1196.

[115]　Duffie J A, Beckman W A. Solar Engineering of thermal processes [M]. 4th Editioned. Hoboken. New Jersey: John Wiley & Sons, 2013.

[116]　Kalogirou S A. Solar thermal collectors and applications [J]. Progress in Energy and Combustion Science, 2004, 30 (3): 231 - 296.

[117]　Eck M, Zarza E, Eickhoff M, et al. Applied research concerning the direct steam generation in parabolic troughs [J]. Solar Energy, 2003, 74 (4): 341 - 351.

[118]　Ajona J I, Herrmann U, Sperduto F, et al. Main Achievements within ARDISS (Advanced Receiver for Direct Solar Steam Production in Parabolic Trough Solar Power Plants) project [J]. Proceeding of 8th International Symposium on Solar Thermal Concentrating Technology, 1996 (2): 733 - 753.

[119]　Gungor K E, Winterton R H S. A general correlation for flow boiling in tubes and annuli [J]. International Journal of Heat and Mass Transfer, 1986, 29 (3): 351 - 358.

[120]　Stephan K. Heat transfer in Condansation and Boiling [M]. New York: Springer - Verlag,

1992.

[121] Ferguson M E G, Spedding P L. Measurement and prediction of pressure drop in two - phase flow [J]. Journal of Chemical Technology & Biotechnology, 1995, 63 (3): 262 - 278.

[122] Martinelli Rt, Nelson D. Prediction of pressure drop during forced - circulation boiling of water [J]. Trans Asme, 1948, 70 (6): 695 - 702.

[123] Zarza E. DISS - phase Ⅱ: final project report [R]. 2002.

[124] Lin Zonghu, Wang Shuzhong, Wang Dong, et al. Gas - liquidtwo - phase flow and boiling heat transfer [M]. Xi'an: Xi'an Jiaotong University Press, 2003.

[125] Collier J G, Thome J R. Convective boiling and condensation [M]. Oxford: Clarendon Press: 1994.

[126] Fritzson P. Principles of object - oriented modeling and simulation with modelica 2. 1 [M]. New York: Wiley - IEEE Press, 2003.

[127] Townsend S, Lightbody G, Brown M D. Nonlinear dynamic matrix control using local models [J]. Transactions of the Institute of Measurement and Control, 1998, 20 (1): 47 - 56.

[128] Danielle D, Doug C. A Practical multiple model adaptive strategy for single - loop MPC [J]. Control Engineering Practice, 2003, 11 (2): 141 - 159.

[129] Zhao Zhong, Xia Xiaohua, Wang Jingchun, et al. Nonlinear dynamic matrix control based on multiple operating models [J]. Journal of Process Control, 2003, 13 (1): 41 - 56.

[130] Malayeri M R, Zunft S, Eck M. Compact field separators for the direct steam generation in parabolic trough collectors: an investigation of models [J]. Energy, 2004 (29): 653 - 663.

[131] Steinmann W D, Eck M. Buffer storage for direct steam generation [J]. Solar Energy, 2006, 80 (10): 1277 - 1282.

[132] Lobón D H, Valenzuela L, Baglietto E. Modeling the dynamics of the multiphase fluid in the parabolic - trough solar steam generating systems [J]. Energy Conversion and Management, 2014 (78): 393 - 404.

[133] Guo Su, Liu Deyou, Chen Xingying, et al. Model and control scheme for recirculation mode direct steam generation parabolic trough solar power plants [J]. Applied Energy, 2017 (202): 700 - 714.

[134] Ogata K. Modern control engineering [M]. Upper Saddle River: Prentice Hall, 2009.

[135] Jang J - SR. Adaptive - network - based fuzzy inference systems [J]. IEEE Transactions on Systems, Man, and Cybernetics, 1993, 23 (3): 665 - 685.

[136] Vaz F, Oliveira R, Silva R N. PID control of a solar plant with gain interpolation [C] // Proceedings of the 2nd Users Group TMR Programme. Spain: PSA, CIEMAT, 1998.

[137] Heinzel V, Kungle H, Simon M. Simulation of a parabolic trough collector [C] //Proceedings of ISES Solar World Congress. Harare, Zimbabwe: ISES SolarWorld Congress, 1995: 1 - 10.

[138] Guo Su, Liu Deyou, Chu Yinghao, et al. Real - time dynamic analysis for complete loop of direct steam generation solar trough collector [J]. Energy Conversion and Management, 2016 (126): 573 - 580.

[139] Guo Su, Liu Deyou, Chu Yinghao, et al. Dynamic behavior and transfer function of collector field in once - through DSG solar trough power plants [J]. Energy, 2017 (121): 513 - 523.

[140] Guo Su, Chu Yinghao, Liu Deyou, et al. The dynamic behavior of once - through DSG solar trough collector row under moving shadow conditions [J]. Journal of Solar Energy Engineering 139 (4): 041002 - 041002 - 9.